北京 CED 互联网人才
岗位技能蓝皮书

钟俊飞　张小红　主编

U0344258

知识产权出版社
全国百佳图书出版单位

图书在版编目（CIP）数据

北京CED互联网人才岗位技能蓝皮书/钟俊飞，张小红主编．—北京：知识产权出版社，2019.7

ISBN 978-7-5130-6326-5

Ⅰ．①北⋯　Ⅱ．①钟⋯②张⋯　Ⅲ．①互联网络—人才培养—研究报告—北京　Ⅳ．① TP393.4

中国版本图书馆CIP数据核字（2019）第 119740 号

内容提要

北京"电子商务中心区"（简称"CED"）是互联网及电子商务产业发展聚集的中心，在新时代背景下，为了深耕互联网经济新蓝海，营造北京市大兴区良好的商业环境，完善人才引擎与培育机制，解决互联网企业的人才短缺问题，北京电子商务中心区建设工作领导小组办公室组织编写了本书，为打造一个充满活力的多维度电子商务生态圈提供一些新思路。

责任编辑：于晓菲　李　娟　　　　　　　　责任印制：刘译文

北京CED互联网人才岗位技能蓝皮书
BEIJING CED HULIANWANG RENCAI GANGWEI JINENG LANPISHU

钟俊飞　张小红　主编

出版发行：**知识产权出版社** 有限责任公司	网　　址：http://www.ipph.cn
电　　话：010-82004826	http://www.laichushu.com
社　　址：北京市海淀区气象路50号院	邮　　编：100081
责编电话：010-82000860 转 8689	责编邮箱：laichushu@cnipr.com
发行电话：010-82000860 转 8101	发行传真：010-82000893
印　　刷：北京嘉恒彩色印刷有限责任公司	经　　销：各大网上书店、新华书店及相关专业书店
开　　本：787mm×1000mm　1/16	印　　张：9.75
版　　次：2019年7月第1版	印　　次：2019年7月第1次印刷
字　　数：150千字	定　　价：58.00 元

ISBN 978-7-5130-6326-5

本书编委会

主　　编　钟俊飞　张小红

副 主 编　晓　斌　孙卫民　邬光赓　王朝霞

主　　任　刘学勇（北京电子商务中心区建设工作领导小组办公室）

副 主 任　崔春雷（北京电子商务中心区建设工作领导小组办公室）

　　　　　韩占生（北京石油化工学院）

　　　　　许小杰（北财教育集团）

　　　　　景永平（北京石油化工学院经济管理学院）

编委成员　（按姓名拼音排序）

　　　　　高志远　李　华　李　游　李建春　刘继勇

　　　　　苏　艳　王　超　王晓伟　夏　雪　周　飞

特别鸣谢　中华职业教育社　北京电子商务协会

序　言

　　很高兴看到《北京 CED 互联网人才岗位技能蓝皮书》这样一部聚焦职业人才发展与职位标准认定的专业参考书籍即将出版。在国家大力推进职业教育发展的今天，本书为各类高职院校专业标准化建设作出有益探索，值得参考借鉴。

　　职业教育是国民教育体系和人力资源开发的重要组成部分，是广大青年打开通往成功成才大门的重要途径。中共十八大以来，以习近平同志为核心的党中央高度重视职业教育。为贯彻落实全国教育大会精神，国务院印发了《国家职业教育改革实施方案》，以提升职业教育质量为主线，提出包括建立一批制度标准，完善国家职业教育制度体系，完善学校设置、师资队伍、教育教学相关标准和职业培训标准在内的一系列针对性很强的改革举措。该实施方案中明确提出，"将标准化建设作为统领职业教育发展的突破口，完善职业教育体系"；"构建职业教育国家标准"；"建成覆盖大部分行业领域、具有国际先进水平的中国职业教育标准体系"；"发挥标准在职业教育质量提升中的基础性作用"；"按照专业设置与产业需求对接、课程内容与职业标准对接、教学过程与生产过程对接的要求，完善中等、高等职业学校设置标准"。

目前，移动互联网、大数据、人工智能和实体经济的深度融合，给人们的生产生活方式带来革命性变化。电子商务以其开放性、全球化、低成本、高效率的优势，广泛渗透到生产、流通、消费等领域，进入全面发展和联动发展叠加的新时期，在培育新业态、创造新需求、拓展新市场、促进传统产业转型升级、推动公共服务创新等方面的作用日渐凸显。世界各国特别是中国电子商务表现出积极增长势头，跨境电子商务贸易与资本合作加速，电子商务已进入规模发展和引领发展的双重机遇期。随着电子商务产业的集聚，产业对人才的需求日益旺盛。

《北京 CED 互联网人才岗位技能蓝皮书》着眼于国际、国内电子商务行业发展趋势，结合本地化用人需求，着重对北京市电子商务产业规划、未来发展方向、电子商务人才发展环境进行了分析。围绕电商互联网行业核心业务涵盖的十大重要基础岗位，将电子商务以及细分行业人才需求、岗位类型、岗位标准、知识与技能要求进行了系统梳理，多角度展现互联网岗位的标准要求。该书内容丰富，数据来源真实客观，是目前国内唯一聚焦整个电商互联网行业核心业务流设计的基础岗位标准，对电子商务产业发展具有较强理论与实践指导意义。

祝愿该书为广大高职院校教学改革发挥指导作用，培养更多的专业技能型人才，为中国的新旧动能转换、产业升级提供有力的人才保障。

2019 年 5 月

前　言

　　伴随着全球现代信息技术的发展及经济一体化趋势的加剧，电子商务这种新的贸易模式应运而生。在"互联网＋"的背景下，我国政府从产业规划、制度建设等多方面入手出台了一系列推动电子商务发展的政策和措施，成为经济增长的新动力，北京电子商务产业园经过5年的发展，网络零售额已经突破1000亿元。

　　随着电子商务产业的集聚，电子商务产业逐步跨入黄金发展期，对人才的需求日益旺盛，现阶段电子商务产业园面临的人才瓶颈问题日益突出，电子商务人才总体供给不足，人才队伍结构不合理，高层次人才尤其是创新创业型人才更是缺乏，已成为制约整个产业发展的重要因素。

　　《北京CED互联网人才岗位技能蓝皮书》着眼于电子商务产业园人才需求，梳理了国内外电子商务发展趋势，着重对北京市电子商务产业规划和未来发展进行了描述，分析了电子商务人才发展环境，列出了电子商务人才需求的类型，分行业对电子商务人才的要求进行了详细的阐述，最后刻画了电子商务基础核心工程师岗位标准。

本书最大亮点：

一是"易阅读"，本书内容不仅侧重于岗位技能的精准描述，更通过图表、图示、岗位知识图谱、岗位画像等展现方式，简单直观。

二是"易操作"，本书的最后一章围绕电商互联网行业核心业务流设计了十大岗位，而这十大岗位几乎涵盖了企业所需的重要的核心基础岗位。企业可以依据以上内容作为员工人才发展、职业规划、行业薪资参考的一手材料。高校、职业培训更可以根据岗位标准胜任力模型、知识图谱等内容作为人才培养的有力依据。

本书编写历经半年，专家组成员本着严谨、认真、务实的态度。期间通过线上爬虫技术，从行业、研究机构、企业招聘抓取"10 万 +"一手信息。设计线上调研报告，涵盖十大岗位，内容覆盖职业能力、知识、技能点等角度，收集园区近 100 家一线企业相关人才岗位信息。另外，最后一章的基础核心岗位标准以北京财经专修学院 8 年人才培养岗位标准为蓝本做参考（培养近 3 万人，截至 2019 年 5 月平均薪资超 9000 元，深受用人企业好评），也为蓝皮书的岗位标准实践提供了很好的注释。总之，本书的数据来源真实客观、具有较强的说服力。

另外，编委会专家团队具备很强的"研究型"+"实践型"基因。编委会成员中一半来自京南大学联盟的成员单位北京石油化工学院经管学院的研究型博士，团队成员前期为北京电子商务中心区互联网产业园区的电子商务做了大量的理论性研究。另一半成员来自京南大学联盟的成员单位北京财经专修学院。北京财经专修学院不仅见证了北京电子商务中心区互联网产业园区在大兴的落地，也是 CED 重要的人才实训实习基地。更被作为北京北京电子商务中心区互联网产业园区重要的人才软环境配套资源。

总之，本书内容丰富，作为国内目前唯一聚焦于整个电商互联网行业核心业务流的基础岗位标准，具有较强理论实践指导意义，也能够为电子商务企业的人才招聘、能力培养、职业发展提供较好的建议。

本书作为蓝皮书系列的第一版，侧重于研究基础核心岗位标准与实践，后续版本的内容将更加侧重于园区人才升级、岗位标准与本地化人才供给等方向。

最后特别鸣谢中华职业教育社、北京市 CED 电子商务建设办公室、北京电子商务协会、北京石油化工学院及北京财经专修学院的各位领导给予本书的全力支持与帮助！

北京 CED 互联网人才岗位技能蓝皮书编委会

2019 年 5 月

目　录

第一章　北京 CED 发展概要与综述

近年来，以数字化、网络化、智能化为特征的信息化浪潮蓬勃兴起，信息化成为驱动现代化建设的先导力量。在此背景下，北京市大兴区新经济新业态加快成长，电商发展势头强劲。目前已聚集互联网、电子商务类企业 1200 余家，网络零售额连续多年位居全市第一；此外，该区在金融保险服务、互联网信息服务、健康医疗服务、科技咨询服务、文化教育服务等重点领域也取得了突破。2012 年，大兴区暨北京经济技术开发区被列为首批"国家电子商务示范基地"，建成北京电子商务中心区，成立了北京电子商务中心区建设工作领导小组办公室，引进了京东商城、惠买在线、酒仙网、好药师等行业领先的电子商务企业，培育建成了小笨鸟跨境电子商务平台等，有效发挥了电子商务对实体经济的引领和辐射作用。

"十三五"时期，大兴区将着力构建"高精尖"经济结构，实施创新驱动发展战略，提升城市管理服务水平；同时，因为面临着产业转型升级、城乡一体化发展矛盾突出的压力，用新发展理念引领全区发展已经刻不容缓。新型智慧城市、产业互联网、"互联网＋创新创业"等与经济社会深度融合成为发展重要方向，为大兴区迎来了更大的发展空间。

"十三五"时期是我国以供给侧结构性改革为主线、推进经济转型升级的重要时期，也是北京市实现产业转型升级的机遇期。北京市提出转换制造业的发展领域、发展空间与发展动能，推动"在北京制造"向"由北京创造"转型。大兴区具有较大的经济体量和高端产业聚集态势，致力于构建"高精尖"经济结构。在此期间，大兴区将大力发展互联网产业，加大"互联网+"应用力度，推广人工智能和智能制造，增强产业发展新动能，持续推进产业结构优化升级，提升产业发展水平。未来，大兴区将立足"三区一门户"的功能定位，将互联网产业的发展作为打造首都南部发展新高地的重要着力点。

一、国内外电子商务发展概述

（一）全球电子商务发展特点

1995 年，亚马逊和 eBay 在美国成立。此后，这种以互联网为依托进行商品和服务交易的新兴经济活动迅速普及全球。新一轮科技革命和产业变革交汇孕育的电子商务，极大地提高了经济运行的质量和效率，改变了人类的生产、生活方式。2017 年，全球电子商务市场规模超过 29.2 万亿美元❶，成为世界经济的新增长点。当前，全球电子商务呈现出以下几个特点。

1. 市场规模不断扩大

根据国际知名调查公司 E-marketer 的数据，2011—2017 年，全球网络零售

---

❶ 世界电子商务报告 [R]. 北京：中国国际电子商务中心研究院，2017：9-10.

交易额从 0.86 万亿美元增长至 2.49 万亿美元，年平均增长率达 17.4%❶。未来五年，随着全球智能手机保有量不断提升、互联网使用率持续提高、新兴市场快速崛起，全球网络零售仍将保持两位数增长。预计 2020 年，全球网络零售交易额将超过 4 万亿美元，占全球零售总额的比例从 2016 年的 7.4% 增长至 14.6%。

在整个电子商务发展中，跨境电子商务尤其是跨境 B2C（企业对个人）日益活跃。根据埃森哲的研究报告，2015—2020 年全球跨境 B2C 年均增速约 27%，2020 年市场规模将达到 9940 亿美元。

2. 地区差距逐渐缩小

欧美地区电子商务起步早、应用广。2017 年美国网络零售交易额达到 3710 亿美元，比 2016 年增长 22.2%，约占美国零售总额的 13%❷。目前，80% 的美国制造商拥有自己的网站，60% 的小企业、80% 的中型企业和 90% 的大型企业已经开展电子商务应用。近年来，罗马尼亚、斯洛伐克等国家电商业务年增速超过 30%。英国、法国、德国三国电子商务发展最为成熟，市场规模占欧盟总量的 70% 以上。在电商需求侧，欧洲消费者特别是欧洲成熟市场消费者网购比例较高。按区域划分，北欧网购比例最高约 93%，其次为西欧 89%，再次为中欧 86%，东南欧约 70%。❸

亚洲地区电子商务体量大、发展快。电子商务起源于欧美，但兴盛于亚洲。2017 年，亚洲地区网络零售交易额已占全球市场的 46%。中国、印度、马来西亚的网络零售年均增速都超过 20%。中国网络零售交易额自 2013 年起已稳居

❶　金砖国家电子商务发展报告 [R]. 杭州：阿里研究院，2018：23-31.

❷　美国网络零售经济报告 [R]. 纽约：comScore，2018：26-30.

❸　商务部 . 欧盟电商协会报告 [R]. 北京：商务部，2017：1-3.

世界第一位。全球十大电商企业，中国占 4 席、日本占 1 席。其中，阿里巴巴以 26.6% 的市场份额排名全球第一位，京东商城名列亚马逊、eBay 之后，位居第四，小米和苏宁也入围前十位。❶ 印度电子商务市场过去几年均保持着约 35% 的高速增长。中印两国网民人数占到全球网民人数的 28%，每年还将新增 1 亿人次，巨大的网民红利将继续支持亚洲市场发展。

拉丁美洲、中东及北非地区电子商务规模小、潜力大。拉丁美洲是全球 B2C 电子商务发展最快的区域之一，根据 Digital Commerce360 的数据，2017 年，有 3/4 的墨西哥网民在网上购物。网民增长红利、互联网普及度提升、本土技术创新等是拉美电子商务市场被看好的主要原因。

非洲地域广阔，人口分布不均，实体店数量少，居民购物不便，电子商务发展存在刚性需求。近年来，非洲各国更加重视电子商务发展，加大了电子商务基础设施建设力度。

3. 企业并购趋于频繁

互联网经济具有天然的规模效应，随着竞争加剧以及投资人的撮合，竞争对手有动力、有条件进行合并，市场集中度不断提高。《福布斯》杂志近日评选出的最有投资价值的十大公司中，9 家是互联网企业，其中阿里巴巴位居榜首，Facebook 和 Uber 分列第二和第三。2012—2016 年，全球私营电子商务企业共获得 467 亿美元投资，其中，美团、大众点评共同成立的新公司获得 33 亿美元投资，居于首位。获得 1 亿美元以上投资的企业主要分布在中国、美国和印度，分别有 25 家、20 家和 10 家。2016 年，中国电子商务领域重大并购达 15 起，涉及资金超过 1000 亿元人民币。其中包括腾讯以 86 亿美元收购芬兰移动游戏开发商 84.3% 股权，京东以 98 亿元人民币并购沃尔玛控股的一号店，阿里巴巴

---

❶ 商务部 . 中国电子商务报告 [R]. 北京：商务部，2018：12-15.

以 10 亿美元收购东南亚知名电商企业来赞达（Lazada）等，每一项市场并购都对行业发展产生重要影响。❶

目前，全球领军互联网企业都已构建以平台为核心的生态体系。亚马逊、阿里巴巴等以电商交易平台为核心，向上下游产业延伸，构建云服务体系。谷歌、百度等以搜索平台为核心，做强互联网广告业务，发展人工智能。脸书、腾讯等以社交平台为核心，推广数字产品，发展在线生活服务。苹果、小米等以智能手机为核心，开拓手机应用软件市场，开展近场支付业务。以平台为核心的生态体系不断完善，将吸引更多用户，积累更多数据，为平台企业跨界融合、不断扩张创造条件。互联网领域"强者恒强"的趋势更加明显。

（二）我国电子商务发展特点

1998 年，阿里巴巴、中国制造网等 B2B 电子商务企业成立；2003 年，淘宝网、京东商城等 B2C 电子商务平台崛起。中国电子商务开启了快速发展的 20 年。国家统计局数据显示，2017 年全国电子商务交易额达 29.16 万亿元，同比增长 11.7%；网上零售额 7.18 万亿元，同比增长 32.2%。❷电子商务对推动供给侧结构性改革的作用日益凸显。当前，我国电子商务呈现出以下几个特点。

1. 市场规模持续增长

截至 2017 年年底，全国网络购物用户规模达 5.33 亿，同比增长 14.3%；非

❶　王炳南 . 国内外电子商务的现状与发展 [EB/OL].（2018-06-26）[2019-03-23]. https://mp.weixin. qq.com/s?__biz=MzI1MDE1NDYwMQ%3D%3D&idx=3&mid=2650058143&sn=393539d27d501a89f9f7 183b6529a362.

❷　国家统计局 . 统计数据 [EB/OL].（2019-03-20）[2019-05-01]. http://www.stats.gov.cn/tjsj/.

银行支付机构发生网络支付金额达 143.26 万亿元，同比增长 44.32%；全国快递服务企业业务量累计完成 400.6 亿件，同比增长 28%；电子商务直接从业人员和间接带动就业达 4250 万人。

2.市场结构持续优化

2017 年，我国电子商务市场结构持续优化，行业发展质量不断提升。电子商务交易额中服务类交易快速增长，在总交易额中的占比持续提升。电子商务交易额中对企业的交易占 60.2%，对个人的交易占 39.8%，均保持加速增长态势。实物商品网络零售对社会消费品零售总额增长的贡献率达 37.9%，对消费的拉动作用进一步增强。农村电商有效缓解了农民"卖难"问题，推动农业结构升级。海关验放的跨境电子商务商品出口增速达 41.3%，跨境电子商务出口日益成为我国商品出口的重要通道。❶

3.产业创新不断加快

2017 年，数字技术驱动电子商务产业创新，不断催生新业态、新模式。大数据、云计算、人工智能、虚拟现实等数字技术为电子商务创造了丰富的应用场景，正在驱动新一轮电子商务产业创新。零售企业依托数字技术进行商业模式创新，对线上服务、线下体验以及现代物流进行深度融合，推动零售业向智能化、多场景化方向发展，积极打造数字化零售新业态。生产制造企业依托工业互联网平台，进行在线化、柔性化和协同化改造，逐步形成以"寄售""自营"和"撮合"为代表的 B2B 电子商务交易模式，探索出供应链金融、服务佣金、大数据信息费等盈利模式，制造企业搭建的物联网平台也在逐步释放电子商务交易能力。

---

❶ 商务部.中国电子商务报告 [R].北京：商务部，2017：21-23.

4. 线上线下融合步伐加快

国务院办公厅关于深入实施"互联网 + 流通"行动计划的意见进一步提振了流通企业线上线下融合发展的信心。一方面，线上企业加速布局线下。阿里巴巴收购银泰、三江购物，和苏宁交叉持股，与上海百联开展战略合作。京东、当当、聚美优品等纷纷开设实体店。另一方面，线下企业主动拥抱互联网。永辉超市、徐工集团、宝钢等通过与线上企业合作或自身发展电子商务，探索商业模式转型升级。线上线下正从渠道、供应链、数据、场景等多方面逐步打通，为消费者提供全方位、不间断、跨时空的服务，打造零售新生态。

5. 农村电商蒸蒸日上

2017 年，全国农村网络零售额达 6322.8 亿元人民币，同比增长 34.4%。全国农产品网络零售额达到 906 亿元人民币，同比增长 39.6%。我国已经有 96% 的行政村通了宽带，而贫困村宽带的覆盖率也已经达到了 86%。2018 年，农村地区网民使用手机网络支付的比例为 57%，相比 2017 年明显提升。2014 年以来，商务部会同财政部、国务院扶贫办，安排中央财政资金 84 亿元，以中西部地区为主，在 27 个省（区、市）的 496 个县开展电子商务进农村综合示范。❶重点加强农村物流体系建设、乡村网点信息化改造、农村产品网络销售和人才培养等，建设完善农村电子商务运营网络。目前，电子商务进农村综合示范引导带动邮政、供销等传统渠道，以及京东、苏宁等电商企业加快布局农村电商市场，在 1000 多个县建设了 40 万个电商村级服务点。农村电商已经成为推进城乡协同发展，

---

❶ 王炳南 . 国内外电子商务发展的现状与发展 [EB/OL]. （2017-07-01）[2019-05-01]. http://www.sohu.com/a/153522913_533749.

加快城乡市场一体化步伐，促进农业特别是县域经济转型升级，助力精准扶贫、精准脱贫的重要途径。

6. 跨境电商如火如荼

2015 年 3 月、2016 年 1 月，国务院先后批准设立杭州、天津等 13 个跨境电子商务综合试验区。2013 年中国跨境电商市场交易规模仅 3.15 万亿元，2017 年突破 8 万亿，2018 年上半年达到 4.5 万亿元。❶ 从跨境电商交易规模进出口结构来看，出口占比呈现下降的趋势，进口占比涨幅较大。2013 年跨境电商交易规模出口占比 85.70%，2017 年跌至 78.2%。2013 年进口占比 14.3%，2017 年涨至 21.8%。跨境电商已成为加快外贸转型升级，推进内外贸协同发展，实现国际国内市场一体化的重要举措，为促进外贸回稳向好做出了重要贡献。

（三）北京市电子商务发展特点

1. 北京市电子商务发展特点

"十二五"期间，北京市电子商务快速发展，创造了新的消费需求，引发了新的投资热潮，开辟了新的就业增收渠道，为大众创业、万众创新提供了新空间，成为首都经济增长的新引擎、产业升级的新动力和居民生活的新方式。

（1）电子商务成为拉动首都经济增长新引擎。

2018 年北京市限额以上批发零售企业实现网上零售额 2632.9 亿元，同比增

---

❶ 中商产业研究院. 中国电子商务行业发展情况分析 [EB/OL].（2018-10-08）[2019-05-01]. http://www.askci.com/news/chanye/ 20181008/1112561133437_2.shtml.

长 10.3%，拉动社零额增长 2.1 个百分点，占北京全市社零额比重的 22.4%，创历史新高，对社零额增长的贡献率超 79%，占比、贡献率分别高于全国 4 个百分点和 34 个百分点，实现跨越式增长。● 网络零售一直是北京社零额增长的亮点，2010—2017 年，北京市网上零售额实现跨越式发展，限额以上批发零售企业网上零售额由 120 亿元增至 2371 亿元，增长近 20 倍；占北京市社会消费品零售额的比重从 2% 增至 20%，增长 10 倍，成为拉动北京市社会消费品零售额增长的主要动力。2017 年，北京市居民人均通过互联网购买商品或服务的支出为 952 元，较 2013 年增长 158%，年均增速高出同期全市人均消费支出增速 20.3 个百分点。其中，城镇居民人均网购支出 1073 元，是 2013 年的 2 倍；农村居民人均网购支出 180 元，年均增长 38.7%。在 2018 年 1—11 月的 10652.6 亿元社会消费品零售总额中，限额以上批发零售企业实现网上零售额 2305 亿元，同比增长 11.2%。在 1—11 月期间，网上零售的同比增速基本保持在两位数，增速最高的 2018 年 4 月，同比增长 32.9%。

除了传统的 B2C，电子商务以其与生俱来的创新禀赋，加速推动了新业态、新模式的创新发展，也带来了品质生活的新方式。电子商务平台与传统生活服务企业深化对接合作，如购物、餐饮、出行、医疗、家政、洗衣等诸多日常生活服务均可在网上实现，为居民生活带来了极大便利。

（2）电子商务产业集聚效应不断增强。

北京市集聚了数量众多且模式多样的电商龙头企业，包括网络零售类、网络批发类、生活服务类、跨境电商类和综合商城类等。2018 年，北京全市开展网上零售的限额以上批发零售企业共 610 家，较 2015 年增长 71.8%。其中：年度网上零售额 1 亿~10 亿元的 75 家、10 亿~100 亿元的 20 家、100 亿元以上的

● 北京市统计局. 统计数据 [EB/OL].（2010-01-24）[2019-05-01]. http://tjj.beijing.gov.cn/tjsj/.

6 家；分别较 2015 年增长 127%、67%、50%，形成龙头电商和骨干电商稳定增长，中小电商特色化、专业化快速发展的产业集群发展格局。

（3）电子商务试点示范成效显著。

北京市是首批国家电子商务示范城市之一，培育了 5 个国家电子商务示范基地、4 座电子商务特色楼宇、45 家次国家电子商务示范企业，数量居全国首位，形成了比较完备的电子商务全产业链体系，示范带动作用不断增强。北京市的电子发票试点工作领跑全国，在国内实现了"四个首创"：开出国内首张电子发票、首张以电子化方式入账的电子发票、首张升级版电子发票、试点范围率先从线上扩大至线下，有效降低了企业经营成本，提升了节能减排收益，产生了良好的经济、社会和生态效益。

（4）电子商务服务支撑体系日益完善。

北京市 4G 网络实现了主城区、郊区县城及部分乡镇和行政村的覆盖；移动宽带用户普及率超过 100%。物流配送体系进一步健全，"最后一公里"物流服务网络不断完善，累计建成末端配送网点 260 余个，智能快件箱 200 余组，覆盖上千个社区及高校；冷链物流设施建设取得较大进展，全市冷库总容量达到 100 万吨，较"十二五"初期增长 30%。

2. 北京市电子商务发展趋势

（1）电子商务将成为新经济发展的驱动力。

电子商务以其跨地域、跨行业、实时化、创新性强的特质，通过提供新的服务、新的市场和新的经济组织方式，推动企业业务流程的改造和经营模式的创新，带动产业链协同发展，推进区域经济和内外贸易融合发展。"十三五"时期，北京市电子商务将进一步发挥创新引领作用，助力供给侧结构性改革，提升社会资源配置效率，成为新经济发展的驱动力。

（2）电子商务将成为产业转型升级新动力。

电子商务在提高运营效率、降低流通成本、拓宽服务渠道等方面具有天然的优势，已逐步从商品流通拓展到物流快递、生产制造、生活服务等产业领域，为传统产业注入了新的活力。"十三五"时期，北京市电子商务与商贸、文化、旅游、农业、金融、制造等产业的融合创新将进一步深化，成为带动传统产业转型升级发展的新动力。

（3）跨境电子商务将成为开放型经济发展新模式。

随着国家"一带一路"倡议的部署及北京市服务业扩大开放综合试点工作的稳步推进，"十三五"时期，北京市跨境电子商务在推动外贸产业结构调整、转变贸易增长方式等方面的先导和带动作用将进一步加强，成为开放型经济发展的新模式，为外贸发展提供新渠道、开辟新空间，推动更多的"中国制造"走向全球。

（4）线上线下融合将成为商业流通的新亮点。

随着"互联网＋流通"在引导生产、优化供给、促进消费、改善民生等方面的基础性和支撑性作用不断增强，电子商务与实体经济和服务消费的融合度日益加深。"十三五"时期，北京市电子商务融合创新活力将不断增强，商业流通新模式将不断涌现，线上线下融合度将进一步拓展和深化，成为商业流通新亮点，助力生活性服务业品质不断提升。

二、北京的电子商务整体发展规划

北京市电子商务发展将立足"四个中心"的城市战略定位，紧紧围绕落实京津冀协同发展和"一带一路"国家战略，推进北京服务业扩大开放和供给侧结构性改革，打造"高精尖"产业结构，促进生活性服务业品质提升。

（一）总体目标

到 2020 年，培育形成国内一流、国际领先的电子商务产业集群，引领带动全市电子商务产业体系化、规模化发展。电子商务深度融入经济社会发展各领域，在产业规模、质量效益、引领示范等方面继续保持全国领先地位。电子商务经济进入规模发展阶段，成为经济增长和新旧动能转换的关键动力。电子商务与实体经济深度融合，成为产业升级、就业创业和改善民生的重要平台。电子商务区域协作、国际合作深化发展，成为带动京津冀区域经济协同发展、引领开放型经济转型升级、推进内外贸易融合发展的重要动能。电子商务服务支撑体系优化完善，为持续推进电子商务创新发展提供有力保障。

（二）预期指标

到 2020 年，全市电子商务交易额超过 3 万亿元；网络零售额占全市社会消费品零售额的比重超过 25%；跨境电子商务零售出口额占出口总额的 5% 左右。实现两个"千百十"目标：一是在规模上，培育交易规模千亿元以上企业 10 家、百亿至千亿元企业 30 家、十亿至百亿元企业 50 家。二是在数量上，完成"千百十"电子商务示范工程，即培育典型电子商务企业 1000 家、电子商务线下示范体验店 100 家、电子商务示范基地及跨境电子商务产业园各 10 个。❶

（三）CED 规划

"十三五"时期，大兴区电子商务产业发展坚持区域特色化发展道路，按照"两核、两线、多园"的空间布局，将电子商务产业打造成区域经济发展的支柱

---

❶ 北京市商务局.北京市"十三五"时期电子商务发展规划 [R].北京：北京市商务局，2017：41-49.

产业，带动大兴区经济全面发展。

北京大兴亦庄地区将依托北京经济技术开发区，推动电子商务与实体经济的融合互促；推进地铁大兴线、亦庄线的商务楼宇集中释放；促进以京东总部、电商谷、新媒体基地为载体的电商产业集聚；发挥新机场、云基地、B 型保税物流的多元支撑作用，打造首都规模最大的电子商务聚集区，建立开放、融合、便捷、高效的 CED（北京电子商务中心区）服务体系，构建绿色、生态、智慧的全产业链承载平台。

第一个聚集区为地铁大兴沿线，在六环附近，以北京唯一公铁联运的京南物流基地（面积为 6.75 平方公里）为载体，主要完善电子商务企业仓储、现代化物流配送体系建设等市场服务功能。这个区域将重点引进电子商务平台企业和为平台运营提供支撑的数据分析、支付、金融、物流配送等链条企业。

第二个聚集区为大兴区旧宫中科电商谷和新媒体产业基地，占地 800 余亩，建筑总面积超过 100 万平方米，是承载网上交易和网下展示、体验，集电子交易、网络购物、办公、生活于一体的电子商务产业平台。目前，已经与中国网库签署了战略合作协议，将共同打造 B2B 交易平台，"以此为基础，吸引和聚集一批 B2B 的企业，结合实体经济的发展，形成一个以 B2B 为主的电子商务聚集区"。

第三个聚集区在北京经济技术开发区。目前京东亦庄总部已落户北京经济技术开发区，面积超过 20 万平方米，以京东总部为基础，辐射吸引聚集其上下游产业，在开发区形成一个电子商务的总部聚集区。

第四个聚集区在北京大兴国际机场临空经济示范区。面积约 150 平方公里，结合北京市和河北省城乡规划，依托交通干线和生态廊道，对接机场功能布局，规划航空物流区、科技创新区、服务保障区等 3 个组团。航空物流区位于新机场东北侧，规划面积约 80 平方公里，依托综合交通网络，建设集多种方式为一体的空陆联运系统，重点发展航空物流、综合保税、电子商务等产业，打造国际航空物流枢纽。科技创新区位于新机场南侧，规划面积 50 平方公里。重点发展航空工业产品研发、技术创新等产业，建设航空科技孵化设施和服务平台，支持航空可创新创业。吸引航空工业领域知名企业建设技术创新中心，加强航空科技的国际合作，提升我国航空科技领域研发水平，打造我国航空科技穿心的重要基地；服务保障区位于新机场西侧，规划面积 20 平方公里。结合大型国际航空枢纽建设需要，配套建设航空运输相关企业的生产生活服务保障系统，适当发展航空科教、特色金融、商务会展等，建设综合服务保障基地。

（四）主要任务

1. 推进"互联网 +"与经济社会融合发展

支持传统商贸流通企业通过应用移动互联网、地理位置服务、大数据、云计算、人工智能等现代信息技术，提升运营效率和服务能力，降低流通成本，加快转型升级。鼓励实体商业积极拓展线上营销渠道，在营销、支付、售后服务等方面加强线上线下互动融合，强化精准营销和增值服务，全方位满足消费需求。推动商品交易市场加快平台化发展，利用互联网创新商业模式，拓展服务功能，助力非首都功能疏解。

2. 大力促进绿色电子商务发展

推动电子商务企业与实体企业合作经营绿色产品和服务，增加绿色产品和服务有效供给，利用"互联网 +"促进绿色消费，满足不同主体多样化的绿色消费需求。促进电子商务物流绿色发展，降低车辆排放与能源消耗，鼓励企业积极开展网购商品包装物减量化和再利用。做好绿色技术储备，加快先进技术成果转化应用。依托电子商务促进再生资源的回收利用，发挥电子商务对"循环经济、低碳经济"的促进作用。

3. 支持相关领域电子商务创新应用

支持面向城乡居民提供健康医疗、养老护理、教育培训等服务的电子商务创新应用，满足人民群众多样化的医疗健康及教育服务需求。支持文化、体育类企业应用电子商务创新服务模式和数字内容产品，提升服务水平，扩大服务覆盖范围。支持旅游景点、酒店等服务平台开展线上营销，提高线上线下各项服务的协同能力，规范发展在线旅游服务市场，推动旅游在线服务模式创新。依托京津冀地区优质农村及旅游资源，重点发展涉农都市休闲旅游电子商务，打造农村休闲旅游品牌，促进农民增收和农业增效，提升城乡居民生活品质。支持企业借助新一代的云计算、物联网等信息技术，积极开展城市交通、物流快递、金融服务等领域的电子商务创新应用，推进智慧城市建设，促进城市的和谐、可持续成长。

4. 加强电子商务人才培养体系建设

充分发挥政、产、学、研、用联动作用，加强企业与科研院所及高校的合作，探索高校、电子商务研究机构、社会培训机构、企业合作共建机制，实现学校教育和专业培训的有机结合，多渠道、多方式培养适应电子商务发展需要的各层次专业人才。聘请国内外高层次的专家、学者作为顾问，建立"专家信息库"，形成专家咨询体系，为北京市产业转型升级、电子商务产业集聚、载体定制化落地、项目可持续发展等方面提供智力支撑。

5. 完善电子商务创业孵化体系

鼓励电子商务产业园区集聚发展电商创新创业专业服务机构，形成涵盖早期办公、投融资对接、商业模式构建、媒体资讯、商务服务、创业培训等服务在内的创业孵化生态系统和创业服务集聚区。培育一批典型孵化器与众创空间，构建创新创业孵化体系，强化对电商企业的培育孵化。鼓励电子商务第三方交易平台渠道下沉，带动城乡基层创业人员依托其平台和经营网络开展创业。完善有利于中小网商发展的相关措施，在风险可控、商业可持续的前提下支持发展面向中小网商的融资贷款业务。

6. 创新发展跨境电子商务

鼓励和引导跨境电子商务企业开展保税备货、保税展示、O2O 直购体验店等经营模式创新。支持企业海外仓、智能口岸仓、出口集货仓等的建设，完善国际营销网络体系，扩大跨境电子商务进出口。运用新一代信息技术，构建面向国际国内服务市场的快捷、安全的服务贸易跨境电子商务新模式，为本市服务贸易企业提供信息传递、跨境支付、关检税汇、仓储物流、国际金融等全流程服务。

2018 年 7 月 24 日，国务院同意在北京市、呼和浩特市、沈阳市、长春市、哈尔滨市、南京市、南昌市、武汉市、长沙市、南宁市、海口市、贵阳市、昆明市、西安市、兰州市、厦门市、唐山市、无锡市、威海市、珠海市、东莞市、义乌市等 22 个城市设立跨境电子商务综合试验区。

7. 带动京津冀区域经济融合发展

充分发挥京津冀各自资源禀赋特点和产业优势，创新合作模式，以促进资源合理配置、开放共享、高效利用为主线，完善协同创新体系，强化协同创新支撑，布局电子商务全产业链，推动京津冀电子商务产业融合发展。发挥京津冀空海港集群的优势，发展跨境电商物流体系，提升服务于全球贸易的物流发展水平，促进电子商务企业的全球化发展。

三、北京 CED 电子商务发展与机遇

（一）政策机遇

为了将北京 CED 打造成电子商务领域具有较强影响力及带动力的发展高地和标志性区域，大兴区政府出台了《关于促进新区电子商务发展的若干意见》《新区促进电子商务发展的实施细则》《大兴区促进互联网产业发展暂行办法》，除了为落户新区的电商企业提供国家级经济技术开发区和中关村国家自主创新示范区的双重优惠政策外，在空间、人才、公共平台、合作对接和市场拓展等方面也给予了全方位的服务支持，给予入驻北京 CED 的企业资金扶持、人才引进、行政审批、组织保障等方面的支持，受到电商企业的广泛好评。同时，先后成立了专门服务于电子商务发展的北京电子商务中心区建设办公室、"北京电子商务人才促进中心"，以全力支撑北京 CED 的发展；还将联合中国国际电子商务中心、电子贸易产业技术创新战略联盟共同建设"公共基础服务平台"，以服务于北京 CED 电子商务企业。

大兴区政府除在空间、人才、公共平台、合作对接和市场拓展等方面给予电商企业全方位的支持外，每年还计划从新区"1+N"产业政策资金池中拿出不少于 5000 万元扶持资金专项用于支持发展电子商务。

2014 年，北京市政府为推进跨境电商产业发展专门成立了由 11 个部门组成的北京市推进跨境电子商务发展工作小组。2017 年，北京市出台了《北京市

电子商务"十三五"时期发展规划》《北京市进一步推进跨境电子商务发展的实施意见》，指出把跨境电商作为重点发展方向。建设完善跨境电子商务公共信息平台和大数据服务平台，完善跨境电子商务统计、监管和服务支撑体系，为企业提供快捷的通关服务保障。积极推进国际贸易"单一窗口"建设，构建口岸大通关统一信息平台，实现企业一次申报，口岸管理部门多方共享资源、网络协同监管。加快建设"开放北京"公共服务平台，依托平台强化部门间的联动协同，提供便利化服务，提升北京开放型经济发展水平。

（二）市场机遇

随着"互联网＋"和数字经济的深入推进，电子商务还将迎来新机遇。新一轮科技革命为电子商务创造了新场景，新一轮全球化为电子商务发展创造了新需求，经济与社会结构变革为电子商务拓展了新空间，我国电子商务将步入规模持续增长、结构不断优化、活力持续增强的新发展阶段。

未来围绕消费升级和民生服务，电子商务的服务属性将更加明显。电商数据、电商信用、电商物流、电商金融、电商人才等电子商务领域的资源将在服务传统产业发展中发挥越来越重要的作用，成为新经济的生产要素和基础设施。以信息技术为支撑、以数据资源为驱动、以精准化服务为特征的新农业、新工业、新服务业将加快形成。随着人民生活水平的提升和新一代消费群体成长为社会主要消费人群，消费者将从追求价格低廉向追求产品安全、品质保障、个性需求及购物体验转变。社交电商、内容电商、品质电商、C2B电商将成为市场热点，新技术应用更快，电子商务模式、业态、产品、服务将更加丰富多元。

（三）跨境机遇

"丝路电商"蓄势待发，电子商务加快国际化步伐。"一带一路"高峰论坛成功召开进一步促进了沿线国家的政策沟通、设施联通、贸易畅通、资金融通、民心相通，为电子商务企业拓展海外业务创造了更好的环境和发展空间。商务部会同发展改革委、外交部等围绕"一带一路"战略，加强与沿线国家合作，深入推进多层次合作和规则制定，推动"丝路电商"发展，服务跨境电商企业开拓新市场。

（四）法制机遇

电子商务相关政策法律陆续出台，"通过创新监管方式规范发展，加快建立开放公平诚信的电子商务市场秩序"形成共识和政策合力。发展改革委、中央网信办、商务部等 32 个部门建立了电子商务发展部际综合协调工作组，为加强电子商务治理提供了组织保障。电子商务企业成立"反炒信联盟"等自律组织，不断强化内部管理，促进电商生态规范可持续发展。

第二章 电商行业人才需求综述

一、人才需求状况

（一）电商行业人才需求总体现状

《2017 年度中国电子商务人才状况调查报告》显示：电子商务企业人员比较稳定，能满足企业运营要求的占 16%；处于招聘常态化，每个月都有招聘需求的占 25%；处于业务规模扩大，人才需求强烈，招聘工作压力大的占 39%；处于人员流失率高，人员不稳定，招聘难度大的企业占 20%。

大部分电商企业仍然存在人才缺口，相比 2016 年，没有明显的改善，电商行业仍是巨大风口。同时，人员流失率高、人员不稳定的企业比例仍然居高不下，达到 20%，企业人才管理能力需要有质的提升（见图 2.1）。

人才需求方面，42% 的企业急需电商运营人才，27% 的企业急需推广销售人才（客服、电销、面售、新媒体编辑等），5% 的企业急需技术性人才（程序员、美工等），22% 的企业急需综合性高级人才，4% 的企业急需供应链管理人才，9% 的企业急需产品策划与研发人才。如图 2.2 所示。

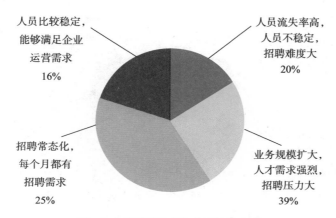

图 2.1　电子商务企业人才需求现状

数据来源：《2017 年度中国电子商务人才状况调查报告》

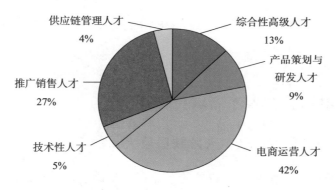

图 2.2　电子商务企业人才需求类型

数据来源：《2017 年度中国电子商务人才状况调查报告》

　　在被调查企业中，暂无规划，根据企业实际发展情况进行招聘的占 11%；员工规模会有大的增长，有大规模招聘计划的占 57%；有招聘需求，员工规模小幅度增长的占 30%；企业业务重组，会缩减企业员工规模的占 2%。如图 2.3 所示。

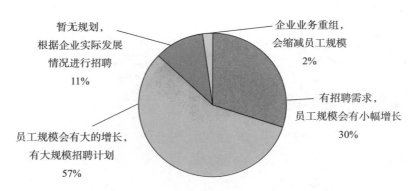

图 2.3　电子商务企业一年内招聘需求

数据来源：《2017 年度中国电子商务人才状况调查报告》

　　有稳定招聘需求和大规模招聘需求的企业比例达到 87%，比 2016 年提高了 2%。其中有大规模招聘需求的比 2016 年提高 12%，电商仍然是发展最迅速的行业，人才需求非常旺盛。

（二）电商行业人才需求特征

1. 行业仍在急速扩张，人才缺口巨大

　　在所有被调查的企业中，87% 的企业存在招聘需求，企业发展速度加快，人才供应有比较大的缺口；30% 的企业处于稳步成长中，有小规模招聘需求；57% 的企业业务规模扩大，人才需求强烈。

2. 人才稀缺，招聘压力大

　　47% 被调查企业认为人员流失压力大，78% 的被调查企业认为人员招聘难度大。既有理论又有实战的电商人才是企业最喜欢的，特别是电商运营人才、推广销售人才、技术人才，缺口非常大。高校每年的电商专业毕业生有数十万，

但高校的人才培养体系与企业实际严重脱节，需要一个较长的成长过程。

3. 企业人力资源成本居高不下

薪酬是员工离职的最重要原因之一，导致企业薪酬成本逐年上升；在招聘成本方面，平均招聘成本超过 300 元 / 人的企业比例达到 29%，超过 500 元 / 人的企业比例，达到 16%。高端人才借用猎头力量，更是加大了企业招聘成本。被调查企业中，员工流失率超过 20% 的比例达到 48%，其中流失率超过 4% 的比例达到 11%，造成企业置换成本大幅上升。

4. 企业人力资源管理难度增大

"90/95" 后员工成为电商企业的主要人群，他们鲜明的个性、独特的价值观等特征给企业管理带来很大的挑战。"90/95" 后员工跳槽频繁，如何有效管理这批员工，加强团队凝聚力，需要通盘考虑。被调查企业最希望员工提升的能力分别是：学习能力、责任心敬业度、专业知识和技能、执行力。这些方面也正是大多数企业最头疼的领域。

二、北京电子商务整体发展规划

（一）技术应用型

技术应用型人才突出电子商务的实际运用，符合中小企业"来之能战，战之能胜"的人才需求特点。此类人才应了解电子商务的最新发展趋势，精通电子商务技术，同时具备一定的现代商务知识。这类人才要善于理解商务需求，知道"如何做"电子商务。如进入企业后能根据企业需求，利用自身技术搭建电子商务平台，进行网页制作、程序开发等工作；能通过网络平台宣传和推广企业产品和服务，进行网络营销；能使用 EDI 系统，进行无纸化贸易等。

1. 技术类电子商务岗位对网站开发与设计能力需求程度最高

技术类电子商务人才核心能力频数排名最靠前的分别是："精通 java/Android/php 开发，熟悉平台架构，独立完成代码的设计和开发""熟悉 Mysql、Oracle 数据库开发技术""熟练掌握 jQuery、html、css3、javaScript 代码"以及"Photoshop、Illustrator 等设计软件的使用能力"，这四个都是网站开发、美工设计方面的技能，说明当前电子商务技术岗位对网站建设方面的人才需求最为迫切，语言开发、代码编程、美术设计等也是技术类人才应具备的基础技能。

2. 技术类电子商务岗位对商务维度能力要求相对较低

技术类岗位对商务方面的能力需求相对较低，一般不太要求对策划、推广方面知识的掌握，但是对电商思维有明显要求。其中对电商思维"G1 用户需求、用户体验方面有独到的见解"这一指标要求较高，说明电子商务技术岗位对技术要求有很强的专业性，但区别于传统技术岗位的是，其对用户的了解和需求分析 有一定的深度要求，从业者除了具备技术技能还应理解用户需求及其变化趋势。

3. 技术类电子商务人才能力培养更多的来自实践经验

相比于商务类、综合类岗位，技术类岗位对专业资历指标"IT 相关工作经验"的需求更高。说明语言编程、代码设计技能对技术人员来说只是基础需求，跟企业真正需求的技术人才还有一段差距，符合企业实践需求的技术人才都需要通过大量的网站开发实战历练出来。

（二）复合商务型

这是目前高校主要培养的电子商务人才，其特点是熟悉现代商务活动，充分了解商务需求和掌握商务活动的业务流程，同时具备足够的电子商务技术知识。这类人才要懂得电子商务"能做什么"，需要掌握电子商务技术实现、网络营销、物流管理、客户关系管理等方面的技术与能力，具有为组织设计并运用完整的电子商务解决方案解决实际问题的专长，能在企业、事业单位和政府机构从事电子商务系统规划、建设、管理和应用工作。

1. 商务类岗位对电子商务人才的运营、策划和创意能力要求较高

商务类人才需求排名前几位依次是："D1 熟悉平台运营模式，有较强的策划与组织能力""F1 文字撰写、方案策划能力""F4 新闻热点捕捉、创意思维能力"。查阅中国电子商务研究中心数据，在电商企业最急需的人才调查中，电商运营人才需求排名第一，占比达到40%。说明拥有D1、F1、F4技能的运营人才有极大的市场需求。

2. 商务类岗位对电子商务人才的行业素质要求更高

商务类岗位对技术维度要求最低，但在其他素质方面，商务类型的岗位对人才的要求普遍要超过技术岗位对人才的要求。尤其是"G3对互联网有较深的认识，熟悉电商平台基本运营机制"技能，远远高于技术类及综合管理类。而在商务类最需要的技能中，无论是商务维度D1、F1、F4指标还是综合维度G3指标都是难以准确获取和衡量的，说明优秀的商务类人才进入门槛比较高，应具备更高的行业素质。

（三）战略管理型

这是高层次电子商务人才，其特点是通晓电子商务全局，具有前瞻性思维，熟知至少一个行业或一种模式的电子商务理论与应用，并能够从战略上分析和把握其发展特点和趋势，懂得"为什么要做"电子商务，能为企业设计电子商务的战略构想和总体规划。

1. 能力要求多而广泛

通过数据表得知，管理型人才对商务能力方面的要求更多、更广泛。管理型电子商务人才的能力要求排名最靠前的是："D1 熟悉平台运营模式，有较强的策划与组织能力""D2 店铺流量、营销等数据分析、市场分析能力"。

2. 高级人才稀缺

随着企业向纵深发展，竞争不断加剧，负责电商品牌运营的综合性高级人才越来越热门。有 3~5 年大型电商企业管理经验，能独立完成企业电商部门或店铺的综合管理，这种高级综合人才一将难求。❶电子商务专业人才一大类型岗位分类见表 2.1。

表 2.1　电子商务专业人才三大类型岗位分类

一级岗位分类	岗位说明	二级岗位分类
技术应用型	包括 IT、美工人才，主要负责 APP/ 网站编程设计、平台维护；精通页面、网站交互以及设计图片处理技术	开发工程师
		平面设计师
		网站维护工程师

---

❶ 李秋月，万海霞，夏澜睿 . 高职院校电子商务专业人才培养研究与实践 [J]. 中国市场，2019（08）：184-185.

一级岗位分类	岗位说明	二级岗位分类
复合商务型	包括推广策划、运营、数据分析人才，主要是对平台日常经营管理的控制、商务活动的有效策划推广，以及基于数据分析的市场动态研究	平台运营专员
		平台推广专员
		网络营销
战略管理型	具备运营、推广、营销技能的电子商务高级人才，统筹管理整个电商平台	产品经理

对应电子商务岗位划分，电子商务专业人才核心技能分类，具体如表 2.2 所示。

表 2.2　电子商务专业人才核心技能分类表

一级技能	技能指标	二级技能指标
技术应用能力	A 网站开发技能	A1 精通 Java/Android/php 开发，熟悉平台架构，能独立完成代码的设计和开发 A2 熟悉 MVC 等常用设计模式和建模、开源框架 A3 熟悉 Mysql、Oracle 数据库开发技术 A4 熟悉 Unix/Linux 操作系统和 Shell 脚本编程
	B 平面设计技能	B1 Photoshop、Illustrator 等设计软件的使用能力 B2 设计能力，如视觉、版式设计、色彩调整布局等 B3 熟悉软件 UI、网页 UI、手机 UI 界面交互设计 B4 了解需求，熟悉交互设计理论 B5 Flash 动画制作、摄影
	C 网站维护与优化技术	C1 熟悉 Tomcat，MySQL，LDAP 等服务的部署、使用及调优能力 C2 熟悉 HTTP、TCP/IP 网络协议交换、路由、VPN、Shell 等技术能力 C3 熟悉掌握 jQuery、html5、CSS3、JavaScript 脚本代码 C4 平台管理、熟悉各网络安全产品体系 C5 运维规划设计与现实、系统故障排除和解决能力 C6 进行测试用例设计、测试执行、编写缺陷报告

一级技能	技能指标	二级技能指标
复合商务能力	D 运营推广	D1 熟悉平台运营模式，有较强的策划与组织能力
		D2 店铺流量、营销等数据分析、市场分析能力
		D3 销售目标、预算制定及监督执行能力
		D4 精通直通车等购物平台付费及免费推广资源
	E 网络营销	E1 熟悉主要搜索引擎的排名原理和策略
		E2 熟悉电脑操作、旺旺、QQ、MSN 等即时聊天工具
		E3 打造爆款商品，有产品功能设计思维
		E4 良好的顾客沟通技能、服务意识
		E5 熟悉多种网络推广手段，熟悉掌握 BBS、QQ 群、微信、微博社交平台等及其他推广方式
	F 文案策划	F1 文字撰写、方案策划能力
		F2 页面美观鉴赏、风格细节把握能力
		F3 消费者特点及购物习惯理解能力
		F4 新闻热点捕捉、创意思维能力
战略管理能力	G 电商思维	G1 用户需求、用户体验方面有独到的见解
		G2 创意思维、求变创新能力
		G3 对互联网有较深的认识，熟悉电商平台基本运营机制
	H 职业素养	H1 沟通协调能力、团队合作能力
		H2 承受高强度工作压力
		H3 独立思考、解决问题能力
	I 专业资历	I1 至少一年以上相关工作经验
		I2 专业相关
		I3 学历
		I4 英语

第三章　CED 电子商务人才
需求调研综述

　　CED 电子商务人才有什么新的职业特点与要求？"三区一门户"对电子商务人才的需求与培养有哪些变化？目前 CED 电子商务的现状如何？电子商务职业人才的前景怎样？带着这一系列问题，北京电子商务中心区建设办公室协同组织有关人员及高校部分师生进行了《北京 CED 互联网人才岗位技能蓝皮书》企业人才需求调研，针对典型电子商务企业进行问卷抽样和网络调查，整个调研历时一个月。本次调研采用问卷调研的方式，问卷内容涉及电子商务人才的各个方面，列出了几十个问题，所提问题以封闭式客观题为主，辅以适量的主观题。网络调研 158 家，实地调研 50 家。问卷调研范围涉及 CED 数十家电子商务企业，所有问卷由问卷之星处理，以确保调研数据的真实性与科学性。下面笔者就对 CED 电子商务人才市场需求情况逐一进行介绍。

一、CED 电子商务人才情况

（一）基本特点

此次调研涉及企业全部为 CED 内企业，其中私营企业占 96%，外资企业占比 4%，无国有企业和合资企业。在人员规模上，有 61% 企业的规模在 100 人以下，人员规模在 100~1000 人的占调查企业总数的 31%，人员规模在 1000 人以上万人以下的企业占 8%，无万人规模企业，百人以下规模还是占据主流。经营规模 500 万元以下占的 35%，500 万 ~5000 万的一共占 19%，5000 万 ~ 2 亿和 2 亿以上的均占 23%。通过本次调研可发现 : CED 互联网企业是创业型企业，目前相当一部分还是小微企业。

在招聘专业方向大类方面，理科约占 62%，工科占 4%，文科占 15%，医学类占 8%，其他专业占 11%。

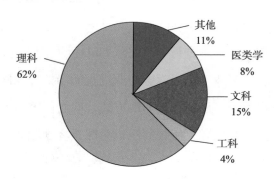

图 3.1　CED 电子商务企业招聘专业方向大类

调研显示，在谈到电子商务学历的问题时，企业普遍比较重视，认为接受过高等教育的人员在各方面的素质和能力更能胜任电子商务工作。企业对于从事电子商务工作的人员均要求接受过高等教育，其中要求大专文化程度的企业占 46.15%，要求本科文化程度的占 46.15%。在是否看重员工具有高学历方面，7.69% 的企业表示看重，46.15% 表示比较看重，认为一般的占 36.48%，不太看重的占 7.69%。这一现象说明，企业对于电子商务工作人员的学历要求不算高。90% 的企业选择了大专或者本科学历。电商对员工的实践能力要求较高，大部分企业需要实用型人才。大部分企业根据岗位对人才的需要，以及从"物尽其用，人尽其才"出发，认为大专生就能胜任电子商务一部分岗位，没有必要聘用硕士和博士。

关于电子商务人才薪资，46% 的企业认为起薪为 3000~5000 元，42% 的企业认为起薪为 5000~8000 元。

从调查数据来看，参与调查企业中，大部分企业认为应用型人才岗位工资应该在 5000~8000 元，占调查总数的 54%；同时，月薪在 8000~12000 元占调查数的 23%；认为电子商务应用型人才月薪在 12000~18000 元的企业数占 19%；认为月薪在 18000 以上的仅有 4%。如图 3.2 所示。

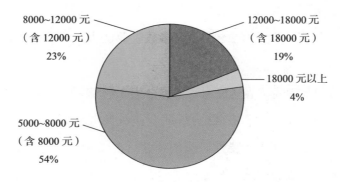

图 3.2　应用型人才岗位的平均薪资

（二）能力状况

在学习能力、应变能力、责任心、团队合作、市场开拓能力及抗挫能力方面，有 69.23% 的企业认为学习能力和责任心是电子商务人才必须具备的素质，学习能力是保证持续竞争力的关键，责任心和敬业精神是职业化的基本前提。有 65.38% 的企业认为电子商务人才必须具有市场开拓能力，市场开拓能力是企业持续盈利的来源。有 61.54% 的企业认为电子商务人才要具有团队合作精神，合作是团队作战的基本保证。有 57.69% 的企业认为电子商务人才应具备应变能力。对于抗挫能力，有 46.15% 的企业表示赞同，抗挫是企业文化和沟通机制的问题。

在人才能力方面，企业对电子商务人才的期望，在专业方面得分最高的仍然是技术与专业能力，该项在所有五项能力得分中平均综合得分为 3.92（采用 5 分制，即满分为 5 分）。技术与专业能力是职业化的通行证，企业把从业人员的专业素质放在第一位，这点无可厚非。其他几项依次为沟通与表达能力、组织规划能力、知识整合与交叉能力、想象能力。同时，本次调研中，对于电子商务人才专业水平，有 42.31% 的企业认为重要，认为较重要的占 46.15%，认为该项素质重要性一般的占 7.69%。大多数企业认为一个合格的电子商务人才必须有很好的技术与专业能力，

紧随其后的是沟通与表达能力，从得分为 3.08 来看，这项能力也是举足轻重的。在被调研的企业中，有 42.31% 的企业认为沟通交流能力重要，有 50% 的企业认为较重要，认为重要性一般的企业只占 7.69%，这一数据表明企业对电子商务人才不再只看重技术与专业能力，更期望他们有一定的沟通和表达能力，各企业都强调这两项能力是做一个合格电子商务从业者必须具备的能力，是做好工作的关键。这无疑对从业者提出了更高的要求。

被调研的 CED 企业都希望电子商务人员有较高的组织规划能力和知识整合能力。在其他类中，部分负责人提到了想象能力。未来，企业对于懂得电子商务运营、前端开发的电子商务人才的需求是迫切的，更是大量的。总之，知识结构合理、综合素质高的复合型的电子商务人才才是适应时代的，才是满足市场和 CED 互联网企业需要的。

（三）知识与技能要求

通过调研发现，CED 企业的对当今电子商务人才的需求日趋复合型，即需要其掌握市场营销、物流与供应链管理及互联网等各项知识，仅仅拥有一方面的专业知识是远远不够的。在调研中，问及企业电子商务人才应主要具备的知识与技能时，被调研者首先选择的知识与技能是网络营销，其次是市场开拓、供应链管理和品牌管理，分别占到 88.46%、57.69%、50% 和 42.31%。在电子商务企业中，网络营销是非常重要的，是以互联网为主要手段进行，网上巨大的消费群体特别是企业的商务习惯变化，给网络营销提供了广阔的空间，是开展电子商务工作的关键。而市场开拓则是市场营销管理中的重要环节，几乎涵盖了市场营销的所有内容。供应链管理的目的是使供应链运作达到最优化，以最少的成本，令供应链从采购开始，到满足最终客户的所有过程，包括工作流、实物流、资金流和信息流等均能高效率地操作，把合适的产品以合理的价格及时准确地送达消费者手上。品牌是消费者对于某商品产生的主观印象，并使得消费者在选择该商品时产生购买偏好。品牌管理，是管理学术语，是营销管理的一个重要组成部分，主流经管课程如 EMBA、MBA 等均将品牌管理作为其对管理者进行教育的一项重要内容。

调研显示，除了一般电子商务工作要求外，根据 CED 的发展现状，被调研者认为，一个合格的电子商务人才还必须有其他的知识，如库存管理和在线采购等。

（四）市场需求

关于人才需求量，调研发现，对 2018 年及 2019 年预计招聘电子商务人才的数量，有 84.62% 的企业回答是 20 人以下，有 11.54% 的企业需要招聘 20 人以上，虽然招聘人数对比电商发展初期企业对人才的需求量有所回落，但就业人数仍然是稳步增长。调研结果显示，在被调研企业中岗位人才需求最为迫切的为营销运营类和技术类，分别占 70% 和 30%。其中营销 / 运营类岗位包括产品在线推广、销售、服务、物流，技术类岗位包括 UI/ 前端设计、平台开发与维护、网站后台内容管理、数据挖掘等。

我们在调研时还发现，CED 各企业电子商务岗位种类繁多，覆盖范围广。对参与调研的企业电子商务相关职业岗位进行分析，大体可以将电子商务相关职业岗位分为 4 大类：电子商务运营、电子商务销售人员、电子商务物流人员和电子商务客服人员。其中大多数需要运营和营销方面的人才。

第一，电子商务运营。有 73% 的企业有这方面的人才需求。此类人才主要负责网络营销活动、网店推广以及网店后台管理；负责网站日常资料的收集、整理、归档及发布；负责日常订单的各项处理工作。

第二，电子商务销售人员。65% 的企业有此需求。电子商务销售人员负责公司电子商务平台日常销售（网络销售、电话销售及其他）；对客户进行讲解、回答问题，完成用户订货、实现销售目标；反馈客户信息，配合上级进行销售分析与销售策略调整。

第三，电子商务物流人员。负责收集和分析企业各部门的生产情况并及时了解物流配送需求；负责了解与分析企业库存或仓储信息并及时调整企业生存规模；负责企业产品市场需求信息并提出对加工、包装和配送的解决方案。需要物流人才的企业占总数的 19%。

第四，电子商务客服人员。负责线上咨询答疑，增进客户对产品的认同感，提升销售业绩；分析客户购买习惯、爱好、客户信息、客户分布等；负责收集客户投诉意见，分析投诉的内部与外部原因，提出解决方法。38% 企业需要客服人员。

数据显示有 61.54% 的企业选择了电子商务运营专员，有 34.62% 的企业选择前端工程师，30.77% 的企业认为是 UI 工程师，还有 26.92% 的选择了电商客服人员，随后为跨境电商运营专员（占 23.08%）、大数据开发工程师（15.38%）、Python 开发工程师（3.85%）。运营专员作为需求人员首选，说明企业对运营管理人才需求量大，存在缺口。

二、前端行业

前端即网站前台部分，是运行在 PC 端、移动端等浏览器上展现给用户浏览的网页。前端开发工程师是一个新兴职业，2007 年才在国内甚至国际上真正开始受到重视，它是 Web 前端开发工程师的简称。

（一）前端行业未来发展前景

调查显示，在回答前端行业未来发展前景时，有 15.38% 的互联网企业认为前景非常好，认为较好的企业占 73.08%，只有 3.85% 的企业觉得一般，没有企业认为很差。这说明前端开发方兴未艾，前景良好。

（二）企业对前端工程师的学历要求

企业对前端工程师的学历要求方面，如图 3.3 所示，12% 的企业只要求高中以上学历，有 42% 的企业要求大专以上，29% 的企业认为需要本科学历，17% 的企业选择了能力第一，学历不限。由此可见，企业对于前端工程师的学历要求不高，大部分要求大专即可。

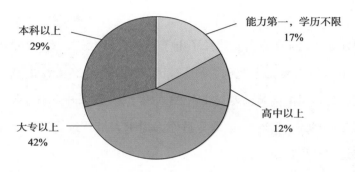

图 3.3　企业对前端工程师的学历要求

（三）前端工程师从业经验

调研数据表明，前端工程师必须具备的从业经验，81% 的企业要求是 1~3 年，认为必须 3~5 年的只占 3.85%，认为无须经验也行的占 3.85%。从调查数据来看，大多数企业认为前端工程师从业 1~3 年即可成为该行业的熟练工作者。

（四）前端工程师岗位职责的划分

调研显示，前端工程师岗位职责的划分，可以分为以下 4 个层次。

第一，有 65.38% 的企业认为前端工程师负责公司 WEB 端、移动端（APP、小程序、公众号）的编写。

第二，有 57.69% 的企业认为前端工程师负责公司现有新项目和新项目的前端修改调试和开发工作。

第三，有 42.31% 的企业认为前端工程师与设计团队紧密配合，能够实现设计师的设计想法。

第四，有 42.31% 的企业认为前端工程师与后端开发团队紧密配合，能够确保代码有效对接，优化网站前端性能。

（五）前端岗位应具有的技能

对于前端岗位应具有的技能，有 73.08% 的企业认为前端工程师应了解简单的 SEO 知识，61.54% 的企业要求前端工程师了解浏览器的兼容性，46.15% 的企业需要前端工程师能胜任网站编辑，50% 的认为前端工程师要清楚用户体验。

（六）前端岗位从业者的任职要求

当被问到对前端岗位从业者有哪些任职要求时，企业回答主要有以下四个方面。

第一，84.62% 的企业要求前端工程师与交互设计师、视觉设计师协作，根据设计图用 HTML 和 CSS 完成页面制作。

第二，57.69% 的企业要求前端工程师对完成的页面进行维护和对网站前端性能做相应的优化。

第三，50% 的企业要求前端工程师具有一定的审美能力和基础的美工操作能力。

第四，53.85% 的企业要求前端工程师要具备良好的合作态度及团队精神、较高的工作激情、较强的责任感。

（七）对从业者掌握软件的要求

企业对前端从业者的软件操作熟练度的要求，要求不高的企业占 26.92%，要求一般的占 34.62%，要求很高的占 26.92%。关于前端工程师必须掌握的软件，有 69.23% 的企业要求前端从业者掌握 PhotoShop，要求从业者熟悉 HBuilder 或 Dw 的企业均占 26.92%，要求掌握 WebStorm 或者 Vscode 的均占 30.77%，要求掌握 Fiddler 的占 26.92%，要求掌握 Notepad++、Sublime、Text 的均占 23.08%，选择其他的占 11.54%。

三、AI 行业

人工智能（Artificial Intelligence），英文缩写为 AI。它是研究、开发用于模拟、延伸和扩展人的智能的理论、方法、技术及应用系统的一门新的技术科学。从 2017 年起，AI 连续三年出现在全国"两会"政府工作报告中。2019 年的政府工作报告提出，要促进新兴产业加快发展，深化大数据、人工智能等研发应用，培育新一代信息技术、高端装备、生物医药、新能源汽车、新材料等新兴产业集群，壮大数字经济。值得注意的是，2019 年的全国"两会"政府工作报告还对人工智能进行了"升级"，提出：打造工业互联网平台，拓展"智能 +"，为制造业转型升级赋能。

（一）AI 行业未来发展前景

调查显示，在回答 AI 行业未来发展前景时，有 34.62% 的互联网企业赞成前景非常好，认为较好的企业占 42.31%，只有 7.69% 的企业觉得一般，无企业认为很差。人工智能将会在未来对人类社会产生巨大的影响，带来不可逆转的改变，这已经成为业界的共识。

（二）企业对 AI 从业者的学历要求

如图 3.4 所示，企业对 AI 从业者的学历要求方面，9% 的企业只要求高中以上学历，有 46% 的企业要求大专以上学历，36% 的企业认为需要本科学历，9% 的企业选择了能力第一，学历不限。对比前端工程师，企业对于 AI 从业者的学历要求有所提高，说明 AI 岗位更具有含金量。

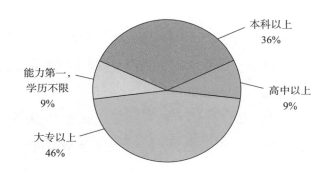

图 3.4　企业对 AI 从业者的学历要求

（三）AI 从业者的从业经验

企业要求刚入职的 AI 从业者必须有多少年从业经验，如图 3.5 所示，77% 的企业要求是 1~3 年，认为必须 3~5 年或者无须经验也行的均占 9%。从调查数据来看，类似于前端工程师，大多数企业认为 AI 从业者从业 1~3 年，即可成为该行业的熟练工作者。

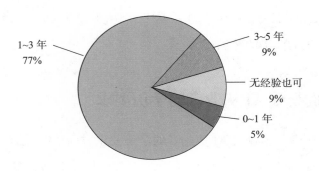

图 3.5　企业对 AI 从业者的从业经验的要求

（四）AI 岗位职责的划分

调研显示，AI 岗位职责的划分，可以分为以下 6 个层次。

第一，有 65.38% 的企业认为 AI 从业者需对各业务线数据进行深入分析和建模，发现数据背后的特征和商业机会。

第二，有 57.69% 的企业要求 AI 从业者深入理解拉新 / 促活 / 营销 / 销售 / 服务业务、多边匹配等场景，发现流程和算法改进业务效率机会。

第三，有 42.31% 的企业要求 AI 从业者积极与业务伙伴沟通，制订 AI 算法赋能计划。

第四，有 42.31% 的企业要求 AI 从业者深度分析和挖掘行为数据、销售数据，不断优化用户体验、提升效率，配合制定测评标准，反馈改进机制。

第五，有 23.08% 的企业要求 AI 从业者引领团队人工智能机器学习的发展方向，指导和培训高级算法工程师、机器学习模型训练、自然语言处理模型构建、知识库构建。

第六，有 19.23% 的企业要求 AI 从业者要树立公司在行业中人工智能和机器学习影响力和口碑。

（五）AI 岗位的技能要求

对于 AI 岗位的技能要求，有 73.08% 的企业认为 AI 从业者的统计基础必须扎实，应具备机器学习模型实战经验。

57.69% 的企业要求 AI 从业者对业务逻辑和数据变化敏感，具备优秀的逻辑分析能力。

42.31% 的企业需要 AI 从业者应具备出色的系统性思考分析问题能力、复杂业务场景的梳理能力、用户痛点挖掘能力。

26.92% 的认为 AI 从业者在推荐系统、聊天机器人、NLP 和知识图谱等方面要具备丰富的经验。

30.77% 的企业要求 AI 从业者创新能力强，不止步于研究，能够发起数据分析和算法对产品和业务有价值的项目，并且能说服产品和业务同事采纳和落地。

19.23% 的企业需要 AI 从业者在技术上有能力指导高级算法工程师。

（六）AI 岗位从业者的任职要求

调研表明，对于 AI 从业者软件操作的熟练度。要求不高的企业占 11.54%，要求一般的占 34.62%，要求很高的占 30.77%。企业对于 AI 岗位从业者的任职要求主要有以下两点。

第一，76.92% 的企业要求 AI 从业者具有良好的技术领导能力，有能力开辟一个技术方向，带动和引导一个技术方向的规划、研发。

第二，34.62% 的企业要求 AI 从业者表达能力优秀，有良好的团队合作精神，乐观向上，自我驱动力强，具备抗压能力，有自我反省意识，还要有优秀的分析和解决问题的能力，对挑战性问题充满激情。

四、UI 设计行业

UI 即 User Interface（用户界面）的简称。泛指用户的操作界面，包含移动 APP、网页、智能穿戴设备等。UI 设计也叫界面设计，主要是指对软件的人机交互、操作逻辑、界面美观的整体设计。

（一）UI 行业未来发展前景

调查显示，在回答 UI 行业未来发展前景时，有 15.38% 的互联网企业认为前景非常好，认为较好的企业占 57.69%，只有 7.69% 的企业觉得一般，无企业认为很差。这说明设计行业前景非常令人乐观。

（二）企业对 UI 设计师的学历要求

如图 3.6 所示，学历方面，5% 的企业只要求高中以上学历；57% 的企业要求大专以上学历；33% 的企业认为需要本科学历；5% 的企业选择了能力第一，学历不限。数据表明企业对于 UI 设计师的学历要求大专以上。

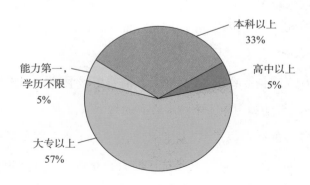

图 3.6　企业对 UI 设计师学历的要求

（三）UI 设计师从业经验

调研数据表明，UI 设计师必须具备的从业经验，69.23% 的企业要求是 1~3 年，认为必须 3~5 年的只占 3.85%，认为 0~1 年或者无须经验也行的均占 3.85%。从调查数据来看，大多数企业认为 UI 设计人员从业 1~3 年，即可成为一个有经验的 UI 设计师。

（四）UI 设计师岗位职责的划分

调研显示，UI 设计师岗位职责的划分，可以分为以下 4 个层次。

第一，有 73.08% 的企业认为 UI 设计师应负责公司 WEB 端、移动端（APP、小程序、公众号）、客户端的 UI 设计。

第二，有 61.54% 的企业认为 UI 设计师应负责与运营推广人员沟通，设计符合运营推广特质的宣传性网页，确保线上效果。

第三，有 38.46% 的企业认为 UI 设计师应参与用户体验优化，提出视觉优化建议。

第四，有 34.62% 的企业认为 UI 设计师应负责日常运营设计支持以及公司平面物料等的设计工作。

（五）UI 岗位的技能要求

对于 UI 岗位应具有的技能，有 80.77% 的企业认为 UI 设计师应具备扎实的美术功底、审美能力和广告设计能力，42.31% 的企业要求 UI 设计师具备专业的草图绘画和手绘能力，42.31% 的企业需要 UI 设计师能熟练使用 PS+AI+C4D 等专业软件，34.62% 的企业需要 UI 设计师能高效率作图，34.62% 的企业认为

UI 设计师需熟悉系统特性和设计基本规范，熟知产品设计流行趋势。

（六）UI 岗位从业者的任职要求

参与调研的企业在被问到对于 UI 岗位从业者有哪些任职要求时，回答主要有以下四个方面。

第一，80.77% 的企业要求 UI 设计师具备优秀的用户界面设计能力，对视觉设计、色彩有敏锐的观察力及分析能力。

第二，42.31% 的企业要求 UI 设计师可独立完成整个项目过程，能够理解业务及产品，根据企业文化特点提出独到的认知和创意。

第三，38.46% 的企业要求 UI 设计师对于交互设计和用户体验有自己的认知。

第四，42.31% 的企业要求 UI 设计师有良好的合作态度及团队精神，还要有较高的工作激情、较强的责任感。

（七）对从业者掌握软件的要求

调研表明，UI 从业者软件操作的熟练度，要求不高的企业占 19.23%，要求一般的占 30.77%，要求很高的占 26.92%。UI 设计师必须掌握的软件，排名前三的依次为 PS、AI 和 Dw。

五、大数据人才

大数据是一种规模大到在获取、存储、管理、分析方面大大超出了传统数据库软件工具能力范围的数据集合，具有海量的数据规模、快速的数据流转、多样的数据类型和价值密度低四大特征。大数据分析是指基于各种分析手段对大数据进行科学分析、挖掘、展现并用于决策支持的过程，大数据分析师（大数据人才）就是从事此项职业的从业人员，国内已有商务部对大数据分析师进行等级认证。

（一）企业对大数据人才的学历要求

学历方面，有 31% 的企业要求大专以上，42% 的企业认为需要本科学历，8% 的企业认为需要硕士及以上。对比前三种职业，企业对于大数据人才的学历要求最高。如图 3.7 所示。

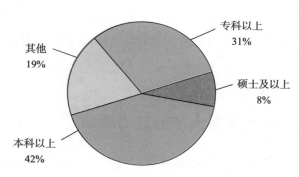

图 3.7　企业对大数据人才的学历要求

（二）企业对大数据人才的专业要求

专业方面，54% 的企业要求统计专业，有 15% 的企业要求数学专业，29% 的企业认为需要人工智能专业，8% 的企业选择计算机专业。企业要求大数据人才具有良好的数学、统计学及计算机专业基础。如图 3.8 所示。

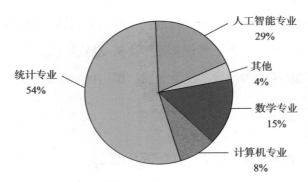

图 3.8　企业对大数据人才的专业要求

（三）大数据人才从业经验

调研数据表明，对于大数据人才必须具备的从业经验，65.38% 的企业要求是 1~3 年，认为必须 3~5 年的只占 15.38%。从调查数据来看，企业要求大数据人才必须具有从业经验，大多数企业认为大数据人才须从业 1~3 年。

（四）企业对大数据人才的能力要求

调研显示，企业认为大数据人才必须要具备统计知识、软件应用（SPSS/SAS/R）、数据挖掘、数据库等，各项能力得分（满分 5 分），分值越高越重要。

（五）大数据人才工具的要求

对于大数据人才必须熟练使用的工具，排在前三的依次为 Windows、SQL、Python。

（六）企业为大数据人才提供的薪资水平

如图 3.9 所示，参与调查的企业中，48% 的企业认为大数据人才岗位工资应该在 5000~8000 元，认为月薪在 8000~10000 元的占 33%，认为月薪在 10000~20000 元的占 14%、20000 元以上的只占 5%。

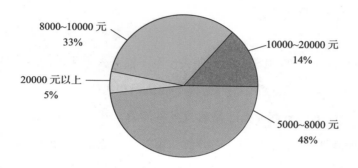

图 3.9　企业为大数据人才提供的薪资

（七）大数据人才应具备的综合素质

大数据人才具备的综合素质应该包括自主学习，沟通、团队协助能力，逻辑思维、数据解读能力，工作认真负责和敬业精神。认为必须具备自主学习能力的企业占 53.85%，沟通、团队协助能力占 53.85%，逻辑思维、数据解读能力占 65.38%，工作认真负责、敬业精神占 34.62%。

（八）大数据人才应具备的知识需求

大数据人才应具备的知识应包括统计、数学、计算机知识、机器学习、文本挖掘、推荐系统等，得分越高越重要。

（九）大数据应用

在大数据应用方面，73.08% 的企业认为是精准营销；其次是数据交易，占46.15%；社交网络占 34.62%；信用评分占 26.92%；其他占 11.54%。

六、结论与建议

本次调研是对 CED 电子商务企业关于电子商务人才需求的深入考察，通过调研反馈材料的综合与分析，我们有以下的认识和建议。

第一，合格的电子商务人才是兼具各种能力与知识的复合型人才。拥有多方面的知识可以使学生在竞争激烈的就业市场中处于更有利的地位，将来才能在电子商务的岗位上更好地开展工作。作为电子商务专业的学生，应该加强多种知识的学习。从电子商务运营岗位来看，网络营销、市场开拓和供应链管理这三项知识也同时被很多企业公司所认可；而从算法和开发工程师岗位来看，熟悉一门语言更重要。总的来说，IT 专业的学生不仅要把程序代码这一基础打好，同时还要在业余时间学一些网络营销、物流与供应链管理及其他方面的知识，以更好地满足市场的需求。

第二，在电子商务教育方面，应增加对学生的实践动手能力的教育，培养他们的实际操作能力。这其实也是对当前的教育体制提出的要求。电子商务是一个实践性非常强的行业，高校一方面应提升教师的实践教学水平，有针对性地增加实践教学环节；另一方面，要尽量多为学生提供实习机会，让他们在实践中提高自己的实际操作能力。此外，高校培养的人才必须有开阔的知识面，不要仅限于电子商务专业性教育，还应涉及管理、法律等其他领域。只有知识全面、实践能力强的全面型人才才是社会所需要的，才能在竞争中取得一席之地。

第三，电商企业应当完善当前的人才培训体系。首先，高等院校与企业应积极合作，共建应用型电子商务人才培训机构，加强企业中高层管理人才和运营人才的培训。其次，企业要完善人力资源管理体系，完善科学的人力资源规划、招聘与配置体系，建立具有吸引力和竞争性的薪酬体系和绩效评价体系，建立良好的企业文化和培训晋升体系等。

第四章　基础核心工程师岗位标准

一、UI 设计基础工程师岗位标准

UI 即 User Interface（用户界面）的缩写。UI 的本义是用户界面，是英文 User 和 interface 的缩写。字面释义是用户与界面 2 个组成部分，但实际上还包括用户与界面之间的交互关系，所以这样可分为 3 个方向，分别是：用户研究、交互设计、界面设计。

UI 设计师简称 UID（User Interface Designer），是从事对软件的人机交互、操作逻辑、界面美观的整体设计工作，涉及范围包括商用平面设计、高级网页设计、移动应用界面设计、跨媒介设计，乃至衍生新的职业名词，如全链路设计等。用一句话去理解就是互联网的产品外观设计，也就是说所有的互联网产品的界面设计都叫 UI 设计。

伴随着中国"互联网＋"的蓬勃发展，互联网与各领域的融会贯通，加之中国正在经历一场更大范围、更深层次的科技革命和产业变革，信息化为中华民族带来了千载难逢的机遇。

（一）行业背景与趋势

移动互联网是新时代的新兴产业，随着社会的发展和国家转型，当下社会对移动互联技术人才的需求逐渐呈现出供不应求的势态，使得移动互联网产业的发展面临着严峻的挑战。UI 设计师成为各个行业领域非常抢手的职位，UI 设计的发展已经势不可挡！

应对移动互联网企业岗位的需求和对人才能力的需要，坚实步伐走可行的移动互联网人才培养之路，对弥补移动互联网产业人才缺口必定产生积极作用。技能人才培养模式和相关认证体系的完善也应与时俱进，不断创新。

1. 发展趋势

产品生产的人性化意识是伴随技术领域的发展而逐步拓展并日趋增强，现在，越来越多的企业开始注重品牌影响、交互设计、用户测试、数据分析方面的人力资源投入，UI 设计领域大力深化发展将越来越成为大势所趋，那么，也就意味着兼具美学设计、数据视觉设计、用户研究、品牌设计、心理学分析、程序编码以及产品设计等诸多方面综合专业能力的 UI 设计师将拥有更为广阔的发展前景，发展呈现三足鼎立之势。如图 4.1 所示。

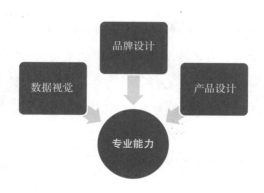

图4.1　UI 设计领域"三足鼎立"

UI 设计中的交互设计方面正处于图形用户界面时代。但是现在随着社会的不断变革，创新意识的发展，人们积极探索新型风格的人机交互技术、语音识别技术和 AI 技术的商业成功让人们看到了自然人机交互的黎明。

VR 和多通道用户界面的迅速发展也显示出未来人机交互技术的发展趋势——"人机交互"的多维态空间。

未来 UI 设计领域，人才的能力要求必须是兼具美术设计、程序编码、市场调查、心理学分析等诸多方面综合能力的，而有这样能力的 UI 设计师会将获得更为广阔的发展前景。那么，未来 Ui 设计会有哪些变化呢？

未来，Ui 设计主要会朝着这样几个方面发展：运营型 UI、产品型 UI、复合实现型 UI、Ue 设计师、产品经理。

（1）运营型的 UI 设计师。

应具备的能力：销售心理学、活动创意、策划、文案撰写、手绘、设计美学、多语种提案表述。

（2）产品型的 UI 设计师。

应具备的能力：了解用户体验，懂的产品，能看数据，接到需求就能实现从设计稿到开发上线的全线程支持。

（3）Ue 设计师。

应具备的能力：除了基本的逻辑分析能力、页面梳理 以及排版能力、创新能力，交互技巧、开发能力之外，做用户体验最重要的是用同理心分析用户的操作习惯和偏好，并以用户为中心的设计为立足点，从设计交互流程、内容及界面，具有产品意识、规划能力以及全局把握的能力。

（4）产品经理。

应具备的能力：从用户调研、市场调研；到竞品分析、需求分析；继而对产品设计、交互设计；以及后续的开发管理、需求管理、运营策略、数据挖掘、数据分析等多种能力的要求。

2. 待遇分析

（1）北京 UI 设计师工资收入水平

如图 4.2 所示，北京 UI 设计师平均工资：13930 元 / 月，取自 14215 份样本，较 2018 年，增长 17.5%，具备高的可信度。北京 UI 设计师工资水平，最低为 4500~6000 元，最高为 30000~50000 元。且 UI 设计中又以移动端 UI 设计为最高。近 60% 的收入都在 10000~20000 元之间。是一个相当不错的设计行业。

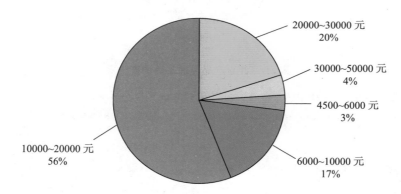

图 4.2　北京 UI 设计师工资调查表

注：收集样本年份为：2019 年。

数据来源：职友网 . 北京 UI 设计师 · 工资收入水平 [EB/OL] . （2019-06-23）[2019-06-23].
https://www.jobui.com/salary?jobKw=ui 设计师 &cityKw= 北京 .

（2）北京产品经理工资收入水平。

调查数据显示，北京产品经理平均工资：21970 元 / 月，取自 90808 份样本，较 2018 年，增长 12%，在北京的产品经理当中，59.4% 月薪资在 20000 元以上，仅有 0.8% 的薪资在 6000 元以下，足以让很多人心动。来自某权威网站的数据显示，超半数高级产品经理月薪过 20000 元。

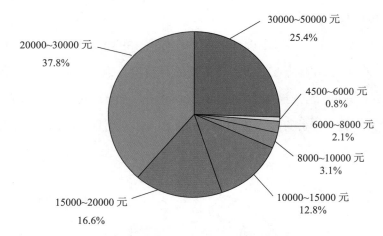

图 4.3 北京产品经理工资调查表

数据来源：职友网 . 产品经理·工资收入水平 [EB/OL].（2019-06-23）[2019-06-23].
https://www.jobui.com/salary?jobKw= 产品经理 &cityKw= 北京 .

3. 就业趋势分析

就业趋势分析中，招聘需求量地区排行 top10 见表 4.1。

表 4.1 招聘需求量地区排行 Top 10

排行	地区	职位需求量（个）
Top1	上海	132530
Top2	北京	120644

排行	地区	职位需求量（个）
Top3	深圳	111624
Top4	广州	100647
Top5	武汉	49907
Top6	杭州	42619
Top7	成都	38201
Top8	南京	30592
Top9	郑州	27906
Top10	西安	25018

（二）互联网产品经理职位画像综述

从事产品经理要负责包括:产品活动策划、市场趋势、需求分析、用户体验、平衡功能点和目前工作的人力资源、数据分析、进度更新以及和各需求方的沟通等。

1.重要技能

产品经理岗位所需技能点：300个。

知识点：800个。

核心技能关键词：

（1）需求分析。

细分为3个技能，分别是需求分析、竞品分析、需求分级。其次是逻辑推理能力和数据分析能力。

（2）用户体验设计 & 产品设计。

① 抽象思维能力。

抽象思维能力是专业级的产品经理第一重要的基本功，无论从企业级客户还是消费级用户提出的各种反馈和意见，都能够从这些特别具体的"需求点"洞悉到其本质需求和内在逻辑。

② 可用性测试。

通过一个网站或者软件、又或者其他任何产品，它可能尚未成型，比如早期的纸质原型、后期的未上线成品。通过具有代表性的用户对这些产品进行典型使用与测试，记录和分析测试结果并统计整理并提出是否具备可用性及相关修改意见。

③ 原型设计。

原型设计是产品经理对整个产品思路的体现，是后续所有工作的重要依据其目的是将产品的需求以最简单明了的方式展现给开发者或者设计师。从而使产品的构想和最终实际产品能够保持一致。原型设计是交互设计师与 PD、PM、网站开发工程师沟通的最好工具。

④ PRD 的撰写。

PRD（产品需求文档）是项目启动之前，必须通过评审确定的最重要文档。定义开发的产品也是产品经理的重要职责之一，而它则需要通过产品需求文档 (PRD）来描述产品的特征和功能。产品需求文档是产品项目由"概念化"阶段进入到"图纸化"阶段的一个最主要的工作环节。

图 4.4 为产品经理部分能力展示。

PRD 的主要使用对象有：开发、测试、项目经理、交互设计师、运营及其他业务人员。

⑤ 快速迭代执行力。

在产品研发中，快速迭代是敏捷管理的一种理念。在快速迭代理念支持下的产品研发环绕从"上线—反馈—修改—上线"这样反复更新内容的过程，形式非常适合互联网产品或者移动端。

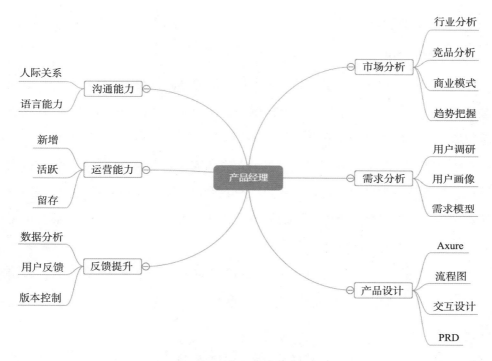

图 4.4　产品经理部分能力展示

（3）项目管理。

在很多敏捷开发的互联网公司中，产品就是项目，项目就是产品。

产品过程中的项目管理，是为了保证产品如期上线而衍生出来的管理。项目管理的目的是提升团队工作效率，因此要具备以下几点基本能力：

① 合理排期。

② 进度掌控。

③ 复盘和总结。

④ 规范流程。

2. 岗位进阶路线图

（1）产品助理。

成为产品经理之前一般需要一个助理阶段的过渡，在这个阶段，产品助理会接触一些功能点的需求，并不会接触到整体功能或者整条产品线。只要具备逻辑能力、文档能力、竞品分析能力即可胜任。

① 逻辑能力。产品设计的一些基础逻辑。需要数理逻辑：有基础的数据敏感性，拥有从数据层层深挖定位到问题的能力。另外还有思维逻辑：在表述方案和评估方案的时候，能够有明确的逻辑思维，明白事实是否充分，假设依据是否可靠，结论的逻辑链是否通顺。

② 文档能力。充分理解业务需求，将需求转成一个个逻辑需求，最后输出产品设计。这个流程需要落实到便于研发理解、能给项目参与者讲明白的文档上，考验的就是撰写能力。

③ 竞品分析。分析自己产品业务类型的市场行情，明确产品定位与用户需求，找竞品、找亮点、找缺陷、找特色等的对比和分析能力。

（2）产品经理（进阶）。

产品经理，是负责产品整体功能模块，简单来说就是很多功能点所组成的一个系统。产品经理画原型只是将一些流程和逻辑用直观的页面去呈现（交互设计师），UE 会根据你的逻辑对页面进行交互设计，UI 会根据需求在不同场景的展现上进行视觉设计，所以，产品经理的原型，只是一个抓手，各个岗位通过这个抓手开展工作。

① 沟通能力。沟通能力不是表达能力，产品经理需要的沟通能力重点是在提升自己的产品硬技能，掌握产品的表达语言以及沟通话术上

② 项目跟进。项目跟进也就是需求跟进，产品经理要主动跟进评审完成后的需求、了解需求在什么阶段、是否进 排期？遇到什么问题等，项目跟进是产品经理的加分项，是产品经理责任心和专业度的体现。

③ 多线程工作能力。产品经理的工作是琐碎的，要处理各种各样的关系和进度，经常负责多个需求，也是众多工作的交叉点，能够随时切换不同工作状态，并能及时确认 deadline 是产品经理的基本功能。

④ 决策能力。产品功能的走向需要产品经理来决定，从项目管理、上市管理以及产品生命周期管理到后期的运营分析、流程设计与优化都需要产品经理来决策，对于公司而言，最大的成本莫过于错误决策带来的成本，成本和价值才是一个产品运营的结果导向。从价值和成本的角度计算出性价比，会优先做高价值的决策是体现产品经理专业和成熟的标准之一。如图 4.5 所示。

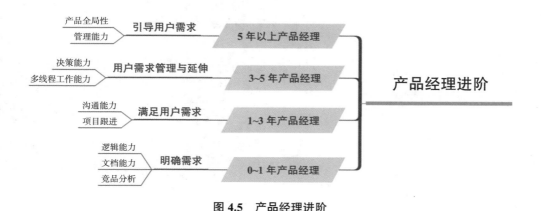

图 4.5　产品经理进阶

（三）知识点画像图

交互设计师需具备的知识点如图 4.7 所示。

图 4.6 知识点画像图

图 4.7　交互设计师知识点

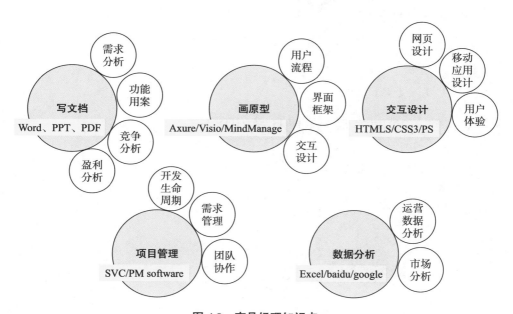

图 4.8　产品经理知识点

（四）技能点画像图

产品经理应具有的技能点画像图如图 4.9 所示。

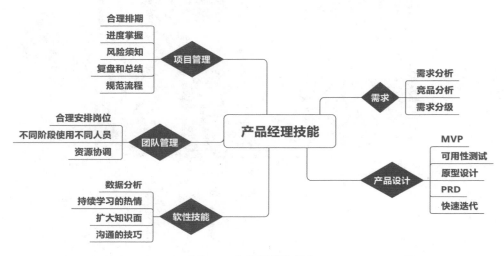

图 4.9　产品经理技能点

（五）互联网产品经理职位知识图谱

胜任互联网产品经理职位所需的知识如图 4.10 所示。

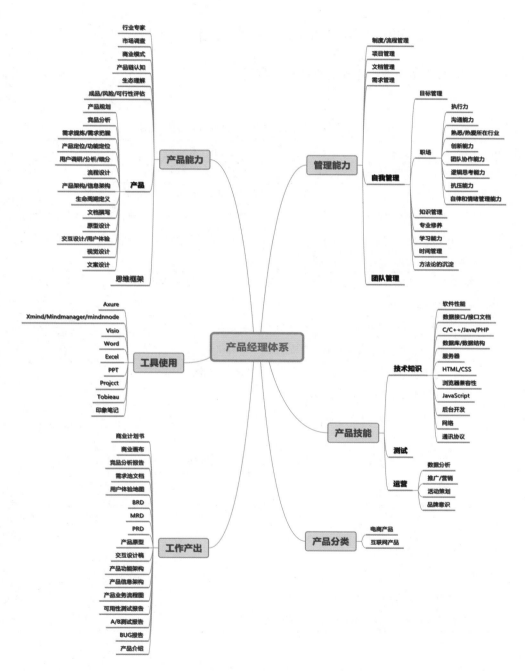

图 4.10 互联网产品经理职位知识图谱

（六）互联网产品经理职位标准描述

互联网产品助理、产品经理职位标准描述见表 4.2 ~ 表 4.5。

表 4.2　互联网产品助理职位职责与任职资格描述

岗位名称：产品助理	岗位类型：技术类
所在部门：互联网产品开发部 / 技术部门	岗位等级：初 / 中级 / 高级
直接上级：产品经理，项目经理，技术总监	直接下属部门 / 岗位：设计部 / 设计师

本职概述：根据公司重点产品的长期发展规划，在产品经理指导下，基于市场规划方案，参与制定产品的全国市场策划方案；负责公司互联网产品的规划（Web 端和移动端），熟悉产品从业务调研、需求分析到实现过程、产品发布的整个流程

职责与工作任务：根据公司的文化和需求，负责公司的网站运营以及规划各种日常工作。负责前期市场调研，竞品分析，用户调研

职责一	根据公司的文化和需求，负责公司的网站运营以及规划各种日常工作。负责前期市场调研，竞品分析，用户调研	工作时间百分比：25%
职责二	协助产品经理和研发、设计、销售等部门沟通，确保各个协作部门对产品充分的理解	工作时间百分比：40%
职责三	撰写基本的产品需求文档及原型设计文档，并及时交付产品经理	工作时间百分比：20%
职责四	协助产品经理完成 PRD 文档的完善工作，确保产品需求完全输入	工作时间百分比：10%
职责五	负责把控产品推进进度、协调突发问题与质量管理工作	工作时间百分比：5%

任职资格：

有工业品经验 / 有 B2B 经验

有团队管理经验 / 有完整项目经验

有较强的逻辑思维以及归纳整理能力

熟悉常用的设计和开发方法，能很好地控制项目进度和质量，和团队充分沟通

表 4.3　互联网产品助理职位胜任力描述

最低学历要求：大学本科

所需教育专业背景：计算机及相关专业

所需工作经验：1~2 年互联网产品开发经验

所需胜任能力：

胜任力模型	知识	市场调研及竞品分析 产品需求分析及管理 产品必备输出文档 产品生命周期管理 数据分析 UI 设计基础认知 项目管理及统筹 PC 端产品规划及设计 网站产品规划及设计 移动端产品规划及设计 后台系统规划及设计 用户体验概念 用户体验要素 用户体验工作方法 交互设计基本原则及规范
	技能	思维导图工具 原型设计工具 熟练使用 UML 建模工具，原型设计工具 Axrue，MS Office、Visio、MindManger 等办公软件 流程图制作工具 产品文档写作与在线协作工具 图像处理工具 产品演示工具 社交网络营销产品（微博、微信等）
	所需素养	有较强的责任心和执行力 善于沟通和团队协作 工作责任心 抗压能力 重视次序、品质与精确 学习能力 分析式思考演绎能力

表 4.4 互联网产品经理职位职责与任职资格描述

岗位名称：产品经理	岗位类型：技术类
所在部门：互联网产品开发部 / 技术部门	岗位等级：初 / 中级 / 高级
直接上级：CEO，市场总监	直接下属部门 / 岗位：设计部 / 开发部

本职概述:负责公司互联网产品的规划（web 端和移动端),熟悉产品从业务调研、需求分析到实现过程、产品发布的整个流程

职责与工作任务：根据公司的文化和需求，负责公司的网站运营以及规划各种日常工作。负责前期市场调研，竞品分析，用户调研

职责一	负责需求管理，包括收集和分析等，并提出相应解决方案	工作时间百分比：25%
职责二	负责新产品的创新和预研，完成新产品的用户需求定义、产品功能 /UI/ 交互的设计	工作时间百分比：40%
职责三	负责制订项目开发计划并跟踪进度，确保项目如期完成	工作时间百分比：20%
职责四	收集市场反馈与用户行为及需求，提升用户体验	工作时间百分比：10%
职责五	根据公司的文化和需求，负责公司的网站运营以及规划各种日常工作。负责前期市场调研，竞品分析，用户调研 负责上线后的数据分析、效果追踪、KPI 情况 对解决的问题做好记录，为以后类似问题的解决积累经验 负责项目时间管理和整体进度的把控 负责公司内部说明会资料的整理制作 与客户交流，进一步熟悉客户需求，进行产品及业务的改进	工作时间百分比：5%

任职资格：

有工业品经验 / 有 B2B 经验

有团队管理经验 / 有完整项目经验

有较强的逻辑思维以及归纳整理能力

熟悉常用的设计和开发方法，能很好地控制项目进度和质量，和团队充分沟通

表 4.5 互联网产品经理职位胜任力描述

最低学历要求：大学本科
所需教育专业背景：计算机及相关专业
所需工作经验：1~2 年互联网产品开发经验
所需胜任能力：

胜任力模型	知识	市场调研及竞品分析
		产品需求分析及管理
		产品必备输出文档
		产品生命周期管理
		数据分析
		UI 设计基础认知
		项目管理及统筹
		PC 端产品规划及设计
		网站产品规划及设计
		移动端产品规划及设计
		后台系统规划及设计
		用户体验概念
		用户体验要素
		用户体验工作方法
		交互设计基本原则及规范
	技能	思维导图工具
		原型设计工具
		熟练使用 UML 建模工具，原型设计工具 Axrue，MS Office、Visio、MindManger 等办公软件
		流程图制作工具
		产品文档写作与在线协作工具
		图像处理工具
		产品演示工具
		社交网络营销产品（微博、微信等）
	所需素养	团队合作
		人际理解力
		工作责任心
		主动性
		诚信
		客户服务导向
		重视次序、品质与精确
		学习能力
		分析式思考演绎能力
		出色的表达能力

二、前端开发基础工程师岗位标准

（一）Web 前端开发工程师概要

前端开发工程师是一个很新的职业，2005 年才在国内乃至国际上真正开始受到重视，它是 Web 前端开发工程师的简称。Web 前端开发是从美工演变而来的，名称上有很明显的时代特征。在互联网的演化进程中，Web 1.0 时代，网站的主要内容都是静态的，用户使用网站的行为也以浏览为主。2005 年以后，互联网进入 Web 2.0 时代，各种类似桌面软件的 Web 应用大量涌现，网站的前端由此发生了翻天覆地的变化。网页不再只是承载单一的文字和图片，各种富媒体让网页的内容更加生动，网页上软件化的交互形式为用户提供了更好的使用体验，这些都是基于前端技术实现的。目前 Web 前端工程师的年薪待遇平均在 10 万以上，高级 HTML 前端工程师年薪达 30~50 万，很多企业对于与 Web 前端相关的技术职位更是求贤若渴。

Web 前端开发技术主要包括三个要素：HTML、CSS 和 JavaScript。HTML 甚至不是一门语言，仅仅是简单的标记语言。CSS 只是无类型的样式修饰语言，当然可以勉强算作弱类型语言。Javascript 的基础部分相对来说不难，入手还算快。所以前端工程师一般来说只要掌握这三门语言即可。

前端开发的入门门槛很低，与服务器端语言先慢后快的学习曲线相比，前端开发的学习曲线是先快后慢。也正因为如此，前端开发领域有很多自学成"才"的同行，但大多数人都停留在会用的阶段，因为后面的学习曲线越来越陡峭，每前进一步都很难。如果只是单纯地学习前端编程语言而不懂后端编程语言（PHP、ASP.NET，JSP、Python），也不能算作优秀的前端工程师。在成为一个优秀的前端工程师的道路上，充满了汗水和辛劳。

其实，简单地说前端工程师更像是一个公司的颜面的存在，因为他可以让网站变得炫酷，也可以网站变得更有活力，所以在这个看脸的社会中，前端工程师的重要性自然不言而喻了。

（二）Web 前端工程师发展前景分析

根据大数据直观显示，2018 年，Web 前端开发依然是值得大家选择的职业。目前各大领域对于这块的人才需求量比较大，可以说这块是有市场的，和其他的行业相比它还没有达到饱和状态。所以说 Web 前端工作还是很好找的。不过，也有很多朋友到目前为止还没有听说过 Web 前端，甚至也不了解 Web 前端是做什么的，以后的发展前景怎么样，薪资待遇如何。下面，笔者就对这些问题进行简单分析。

1. 互联网行业最被看好

笔者在样本调查过程中发现，在中国互联网行业崛起的大前提下，大家对信息技术互联网行业持看好态度，占比 23%。2016 年互联网行业成为当之无愧的就业形势最好的职业。

2. 互联网行业就业趋势

以北京、上海、广州深圳以及后起之秀杭州为例，分析近几年来 Java、PHP、Web 前端以及 .net 工程师的就业趋势。虽然薪资有浮动变化，但所有的职业都是呈上升趋势。这也就不难看出互联网行业为什么是就业最被看好的职业了。

3. Web 前端工程师前景如何？

Web 前端工程师，是伴随着 Web 兴起而细分出来的行业。

Web 前端的岗位职责是利用（X）HTML、CSS、JavaScript、DOM、Flash 等各种 Web 技能结合产品的界面开发。制作标准化纯手工代码，并增加交互功能，开拓 JS 和 Flash 模块，同时结合后端开拓技能仿照全部效果，结束丰富互联网的 Web 开拓，致力于经过进程技能改进用户体验。

4. Web 前端待遇如何？

Web 前端工程师不但工资高，也是目前国内最紧缺的岗位。

从招聘网站分析，其用人数量已经远远超过主流编程语言 Java、ASP 和 ios 等的开拓人员的数量。随着谷歌、YouTube、Twitch 等大型企业纷纷将视线转投向 Web 前端，更加确认了 Web 前端在互联网时代的发展远景。

据统计，我国对于 Web 前端工程师人员的需求缺口将达到 12 万人。目前，北京、上海、广州、深圳等地 Web 前端工程师的待遇更是一再飙升。

在当下传统经济低迷的情况下，市场对人才的需求也不断发生变化，Web 前端是 2018 年比较有"钱"途的工作，并且薪水增加的幅度比较大，不难看出 Web 前端在 2019 年待遇将再一次水涨船高。

（三）Web 前端开发工程师职位画像综述

Web 前端开发工程师职位画像应包含如下内容。

1. 核心技能关键词

HTML：超文本标记语言，标准通用标记语言下的一个应用，是网页制作必备的编程语言。

CSS：层叠样式表（英文全称：Cascading Style Sheets）。这是一种用来表现 HTML（标准通用标记语言的一个应用）或 XML（标准通用标记语言的一个子集）等文件样式的计算机语言。CSS 不仅可以静态地修饰网页，还可以配合各种脚本语言动态地对网页各元素进行格式化。

JavaScript：一种直译式脚本语言，是一种动态类型、弱类型、基于原型的语言，内置支持类型。它的解释器被称为 JavaScript 引擎，为浏览器的一部分，广泛用于客户端的脚本语言，最早是在 HTML（标准通用标记语言下的一个应用）网页上使用，用来给 HTML 网页增加动态功能。

2. 岗位进阶路线图

岗位进阶路线如图 4.11 所示。

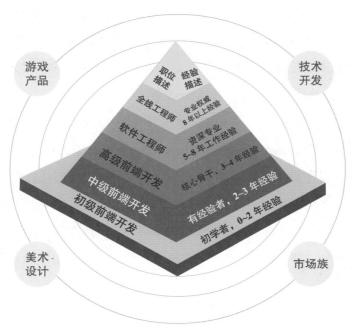

图 4.11 岗位进阶路线图

3. 岗位所需要的技能点数量、知识点数量

技能点数量：213 个。

知识点数量：567 个。

（四）知识点画像图

1. 初级前端工程师

知识点：CSS、AJAX、DOM、jQuery、Class、ES5、ES6、transform、3D、transition、Swiper、iScroll、Audio、Video、touches、Flex、rem、Animate、parseInt、Number、String

jQuery：jQuery 是一个快速、简洁的 JavaScript 框架，是继 Prototype 之后又一个优秀的 JavaScript 代码库（或 JavaScript 框架）。jQuery 设计的宗旨是 "Write Less，Do More"，即倡导写更少的代码，做更多的事情。它封装 JavaScript 常用的功能代码，提供一种简便的 JavaScript 设计模式，优化 HTML 文档操作、事件处理、动画设计和 Ajax 交互。

ES5：ECMAScript 是一种由 Ecma 国际（前身为欧洲计算机制造商协会，英文名称是 European Computer Manufacturers Association）通过 ECMA-262 标准化的脚本程序设计语言。这种语言在万维网上应用广泛，它往往被称为 JavaScript 或 JScript，所以可以将它理解为 JavaScript 的一个标准，但实际上后两者是 ECMA-262 标准的实现和扩展，而 ES5 5 则是该版本的第 5 个版本。

Transition：它是 CSS3 上面的一个过渡属性，拥有此属性的元素则会有动画过渡效果。

图 4.12 初级前端工程师知识点画像图

transition 属性是一个速记属性，它有四个属性：transition-property，transition-duration，transition-timing-function，and transition-delay。

注意：始终指定 transition-duration 属性，否则持续时间为 0，transition 不会有任何效果。

2. 中级前端工程师

知识点：CSS、AJAX、DOM、jQuery、class、ES5、ES6、transform、3D、

transition、Swiper、iScroll、Audio、Video、touches、Flex、rem、Animate、
parseInt、Number、String、Math、Switch、do、Array、link、cssText、
setInterval、setTimeout、Event、EV、return（见图 4.13）。

　　flex：2009 年，W3C 提出了一种新的方案——Flex 布局，可以简便、完整、
响应式地实现各种页面布局。目前，它已经得到了所有浏览器的支持，这意
味着，现在就能很安全地使用这项功能。

图 4.13　中级前端工程师知识点画像图

Rem：相对长度单位，相对于根元素（即 html 元素）font-size 计算值的倍数。目前大部分移动端采用此单位进行布局。

setTimeout：setTimeout（）方法用于在指定的毫秒数后调用函数或计算表达式。

setInterval：setInterval（）方法会不停地调用函数，直到 clearInterval（）被调用或窗口被关闭。由 setInterval（）返回的 ID 值可用作 clearInterval（）方法的参数。

Animate：Animate.CSS 是一个使用 CSS3 的 animation 制作的动画效果的 CSS 集合，里面预设了很多种常用的动画，且使用非常简单。

（五）技能点画像图

关键字：HTML5、CSS3、JavaScript、Node.js、Ajax、Vue、React、DOM、w3c、Grunt、GULP、JSON、jQuery、Bootstrap（图 4.14）。

HTML5：万维网的核心语言、标准通用标记语言下的一个应用超文本标记语言（HTML）的第五次重大修改。

2014 年 10 月 29 日，万维网联盟宣布，经过接近 8 年的艰苦努力，该标准规范终于制定完成。

CSS3：CSS3 是 CSS（层叠样式表）技术的升级版本，于 1999 年开始制订，2001 年 5 月 23 日 W3C 完成了 CSS3 的工作草案，主要包括盒子模型、列表模块、超链接方式、语言模块、背景和边框、文字特效、多栏布局等模块。

CSS 演进的一个主要变化就是 W3C 决定将 CSS3 分成一系列模块。浏览器厂商按 CSS 节奏快速创新，因此通过采用模块方法，CSS3 规范里的元素能以不同速度向前发展，因为不同的浏览器厂商只支持给定特性。

图 4.14　技能点画像图

Bootstrap：Bootstrap 是美国 Twitter 公司的设计师 Mark Otto 和 Jacob Thornton 合作开发的，基于 HTML、CSS、JavaScript 的简洁、直观、强悍的前端开发框架，使得 Web 开发更加快捷。Bootstrap 提供了优雅的 HTML 和 CSS 规范，它即是由动态 CSS 语言 Less 写成。Bootstrap 一经推出后颇受欢迎，一直是 GitHub 上的热门开源项目，包括 NASA 的 MSNBC（微软全国广播公司）的 Breaking News 都使用了该项目。国内一些移动开发者较为熟悉的框架，如 WeX5 前端开源框架等，也是基于 Bootstrap 源码进行性能优化而来。

（六）行业薪资概述

不管是小程序的横空出世，还是 Web 应用的大量涌现，它们都掀起了一波"前端开发需求热"，给前端开发工程师们带来了春天。几乎整个互联网行业都缺前端工程师，无论是刚起步的创业公司，还是上市公司乃至巨头。

下面我们先来看看北京公司目前的前端薪资平均薪资。

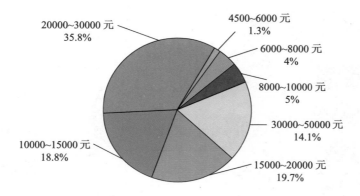

图 4.15　北京前端开发工资图

数据来源：职友网 . 北京前端·工资收入水平 [EB/OL]. [2018-06-23].
https://www.jobui.com/salary/ 北京 - 前端 /.

图 4.15 显示：北京前端开发平均工资：18440 元 / 月。在北京，工资区间在 4500~6000 元的前端开发工程师仅占 1.3%，30000~50000 元占了 14.1%。超过三分之二的程序员月薪高于 15000 元。

据了解，大多数北京的程序员们除了能熟练使用 JS 开发各种组件之外，对前端架构、性能优化方面也有更深入的了解。

接下来咱们再来看看其他地区的前端的平均薪资：

上海前端开发平均工资：18900 元 / 月（数据来源：职友网 . 上海前端·工资收入水平 [EB/OL].[2018-06-23]. https://www.jobui.com/salary/ 上海 - 前端 /.）。

深圳前端开发平均工资：15740 元 / 月（数据来源：职友网 . 深圳前端·工资收入水平 [EB/OL].[2018-06-23]. https://www.jobui.com/salary/ 深圳 - 前端 /.）。

广州前端开发平均工资：12370 元 / 月（数据来源：职友网 . 广州前端·工资收入水平 [EB/OL].[2018-06-23]. https://www.jobui.com/salary/ 广州 - 前端 /.）。

（七）前端开发工程师职位知识图谱

前端开发工程师职位知识图谱如图 4.16 所示。

图 4.16　前端开发工程师职位知识图谱

（八）前端工程师职位标准描述

前端工程师职位标准描述见表 4.6 ~ 表 4.9。

表 4.6　Web 前端工程师（初级）职位职责与任职资格描述

岗位名称：初级 Web 前端开发工程师	岗位类型：技术类
所在部门：互联网产品开发部	岗位等级：初级
直接上级：开发组组长	直接下属部门 / 岗位：实习

本职概述：

1. 负责产品 Web 前端的研发和交互制作

2. 负责通用 UI 组件 . 模板的设计和开发

3. 负责底层 JS 类库的开发

4. 解决不同的浏览器及不同版本的兼容性问题

5. 优化前端 Web 的性能

职责与工作任务：

职责一	职责描述：负责产品 Web 前端的研发和交互设计	工作时间百分比：25%
职责二	职责描述：负责通用 UI 组件、模板的设计和开发	工作时间百分比：40%
职责三	职责描述：负责底层 JS 类库的开发	工作时间百分比：20%
职责四	职责描述：解决不同的浏览器及不同版本的兼容性问题	工作时间百分比：10%
职责五	职责描述：优化前端 Web 的性能及其他工作	工作时间百分比：5%

任职资格：

1. 对 Web 技术有浓厚兴趣，了解行业热门技术特点，有不断提升自己的学习意识，逻辑思维能力强

2. 熟悉当前流行的 JavaScript 类库 , 熟悉 JavaScript 面向对象编程方法

3. 拥有良好的编程风格，熟悉常用的调试方法 firebug、chrome 调试、fiddler 等

表 4.7　Web 前端工程师（初级）职位胜任力描述

最低学历要求：大学本科

所需教育专业背景：计算机及相关专业

所需工作经验：1~2 年互联网产品开发经验

所需胜任能力：

胜任力模型	知识	CSS 样式表
		PC 端及移动端布局方式
		AJAX 数据交互
		移动端新属性
		事件
		JavaScript 基础知识
	技能	通过 HTML5、CSS3、JavaScript 可以布局移动端及移动端的页面操作
		熟练掌握 Ajax、Axios、JSONP 等数据交互方式
		对 Jquery、Vue、React、Angular 等目前前端主流框架达熟练使用程度，对 Vue、React 有着一定的项目经验、掌握 Vuex 及 Redux 使用方式
		擅长使用 SVN、Git 等常用版本管理器，擅长使用 Echarts、D3 等主流的可视化插件、擅长使用 webpack、gulp、Grunt 等自动化项目构建工具
		擅长使用 bootstrap 快速进行页面搭建
	所需素养	团队合作
		人际理解力
		工作责任心
		主动性
		诚信
		客户服务导向
		重视次序、品质与精确
		分析式思考演绎能力

表 4.8 Web 前端工程师（中级）职位职责与任职资格描述

岗位名称：中级 Web 前端开发工程师	岗位类型：技术类
所在部门：互联网产品开发部	岗位等级：中级
直接上级：开发组组长	直接下属部门 / 岗位：实习 / 助理工程师

本职概述：

负责产品 Web 前端的研发和交互制作

负责产品的移动端开发及交互制作

负责通用 UI 组件、模板的设计和开发

负责底层 JS 类库的开发

解决不同的浏览器及不同版本的兼容性问题

通过各种前端技术手段，提高用户体验并满足性能要求

职责与工作任务：

职责一	职责描述：负责产品 Web 前端的研发和交互设计	工作时间百分比：25%
职责二	职责描述：负责产品的移动端开发及交互制作	工作时间百分比：40%
职责三	职责描述：负责通用 UI 组件、模板的设计和开发	工作时间百分比：20%
职责四	职责描述：负责底层 JS 类库的开发	工作时间百分比：10%
职责五	职责描述：解决不同的浏览器及不同版本的兼容性问题	工作时间百分比：5%

任职资格：

满足初级程序员的任职资格

掌握 VUE/Bootstrap/JQuery/AngularJS/React 等开发框架，熟悉常用数据结构和算法，熟悉主流移动浏览器的技术特点，熟练掌握移动端 H5 开发

掌握 Node.js、MongoDB 等后端开发技术优先

表 4.9 Web 前端工程师（中级）职位胜任力描述

最低学历要求：大学本科

所需教育专业背景：计算机及相关专业

所需工作经验：3~5 年互联网产品开发经验

所需胜任能力：

胜任力模型	知识	CSS 样式表 pc 端及移动端布局方式 AJAX 数据交互 移动端新属性 事件 媒体插件 JavaScript 基础 中级知识
	技能	通过 HTML5、CSS3、JavaScript 可以布局移动端及移动端的页面操作 熟练操作 DOM 元素及浏览器 BOM 熟练掌握 Ajax、Fetch、Axios、JSONP 等数据交互方式 对 Jquery、Vue、React、Angular 等目前前端主流框架达熟练使用程度，对 Vue、React 有着一定的项目经验、掌握其 Vuex 及 Redux 使用方式 擅长使用 SVN、Git 等常用版本管理器，擅长 ES5、ES6、ES7 的最新语法的使用，擅长使用 Echarts、d3 等主流的可视化插件、擅长使用 webpack、gulp、Grunt 等自动化项目构建工具 擅长使用 bootstrap、element-ui、mint-ui、ant-ui、material-ui 快速进行页面搭建，熟练使用 less、sass 常用预编译语言
	所需素养	团队合作 人际理解力 工作责任心 重视次序、品质与精确 学习能力 分析式思考演绎能力

三、大数据基础工程师岗位标准

（一）大数据工程师概要

1. 大数据行业背景与趋势

大数据开发工程师作为 IT 类职业中的新兴职业，其待遇是很高的，在这个领域再次给我们展示了稀缺的重要性。在国内互联网企业的用人需求中，有 10% 的招聘岗位都是和大数据相关的，且比例还在不断上升。在部分欧美发达国家，大数据工程师平均每年薪酬高达 17.5 万美元，而在国内一线互联网类公司，相比于同类岗位，大数据工程师的薪酬要比其他职位高 20%～30%，而且很受企业的重视，潜力很大。

大数据行业发展速度较快，对应的人才供给不足，由于大数据人才数量较少，大多数公司的数据部门一般都是采取扁平化的层级管理模式，大致分为数据分析师、大数据架构师、技术总监 3 个级别，当然，大数据工程师的职业发展还有更为正确的路线应该是从现在的平台跳转到另外的更大的平台。

2016 年以来，国家政策持续推动大数据产业发展。2016 年"十三五规划"中明确提出实施大数据战略，把大数据作为基础性战略资源，全面实施促进大数据产业发展，加快推动数据资源共享，助力产业转型升级和社会治理创新。多个中央部委先后颁布相关后续政策，推动大数据产业发展。随着大数据产业的进一步落地，预计未来将有更多部门出台具体政策，推动大数据行业的发展。具体相关政策如表 4.10 所示。

在国家政策持续推动下，大数据产业落地进程加快，产业价值被进一步发掘，2017 年，我国大数据市场规模已达 358 亿元，年增速达到 47.3%，规模已是 2012 年的 35 亿元的 10 倍。预计 2020 年，我国大数据市场规模将达到 731 亿元。

表 4.10　大数据产业相关政策

文件名称	发文单位
《大数据产业发展规划 2016—2020》	工信部
《信息产业发展指南》	工信部、发改委
《软件和信息技术服务业产业发展规划》	工信部
《关于促进和规范医疗健康大数据应用发展的指导意见》	国务院
《农业农村大数据试点方案》	农业部
《关于推进交通运输行业数据资源开放共享的实施意见》	交通部
《关于加快中国林业大数据发展的指导意见》	林业局
《生态环境大数据建设总体方案》	环保部
《促进大数据发展三年工作方案》	发改委
《促进国土资源大数据应用发展的实施意见》	国土资源部
《关于促进全国发展改革系统大数据工作的指导意见》	发改委

2. 人才需求

根据最新的大数据人才报告，全国只有 46 万个大数据人才，未来 3~5 年人才缺口将高达 150 万人。据统计，中国未来的基础数据分析差距将达到 1400 万，而在 BAT 企业招聘岗位中，相当比例的岗位需求是大数据相关岗位。不管是互联网行业，还是传统行业，大公司还是小公司，他们都大量需求数据人才。

随着大数据相关技术的成熟，未来大数据的就业将呈现出以下几个特点。

第一：人才需求从中高端研究型人才向应用型人才过渡。大数据相关技术目前正处在落地应用的重要阶段，与大数据研发初期需要大量的中高端人才不同，在落地应用阶段则需要大量的应用型人才，这些应用型人才需要把大数据技术落地到广大的传统行业中。

第二：大数据分析人才将是需求的重点。在大数据落地应用的过程中，大数据分析将是人才需求的重点，因为数据分析是体现数据价值的重要途径，所以广大传统行业将首先关注大数据分析领域。大数据分析领域的人才需求也会带动大数据运维和大数据开发领域的人才需求，当然大数据的发展也会带动物联网的发展。

第三：大数据教育将结合行业特征。早期的大数据教育主要以培养大数据技术为主，包括大数据平台的搭建、大数据开发、算法设计、结果呈现等内容，未来随着大数据与传统行业的结合不断深入，大数据教育将进一步结合具体的行业特征。而具备行业背景知识的大数据人才将受到企业的欢迎，因为行业知识将是大数据落地应用的重要环节。

第四：大数据与物联网等技术将进一步融合。随着5G通信标准的落地，未来物联网、移动互联网、大数据、传统行业将深度融合，这些技术将作为产业互联网的重要组成部分共同服务于传统行业，所以对于从业者来说，一定要丰富自身的知识结构，要进一步了解物联网等相关技术。

（二）大数据工程师职位画像综述

1. 岗位重要技能

（1）数据采集能力。

用互联网搜索引擎技术实现有针对性、行业性、精准性的数据抓取。例如通过前端埋点，接口日志调用流数据，数据库抓取，客户自己上传数据，并按照一定规则和筛选标准进行数据归类，并形成数据库文件。

（2）数据存储能力。

"大数据"通常指的是那些数量巨大、难于收集、处理、分析的数据集，亦指那些在传统基础设施中长期保存的数据。大数据存储一般采用分布式集群存储数据。

（3）数据挖掘 / 分析能力。

从海量数据中找到人们未知的、可能有用的、隐藏的规则，可以通过关联分析、聚类分析、时序分析等各种算法发现一些无法通过观察图表得出的深层次原因。

（4）数据可视化能力。

利用图形、图像处理、计算机视觉以及用户界面，通过表达、建模以及对立体、表面、属性以及动画的显示，对数据加以可视化解释。

2. 岗位进阶路线图

从岗位来看，由大数据开发、挖掘、算法、分析、到架构。从级别来看，从工程师、高级工程师，再到架构师，甚至到科学家。而且，契合不同的行业领域，又有专属于这些行业的岗位衍生，如涉及金融领域的数据分析师等。大数据的相关工作岗位有很多，有数据分析师、数据挖掘工程师、大数据开发工程师、大数据产品经理、可视化工程师、爬虫工程师、大数据运营经理、大数据架构师、数据科学家等等。如图 4.17 和图 4.18 所示。

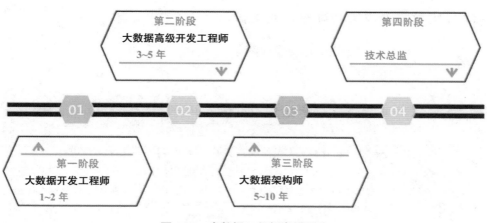

图 4.17　大数据工程师岗位进阶

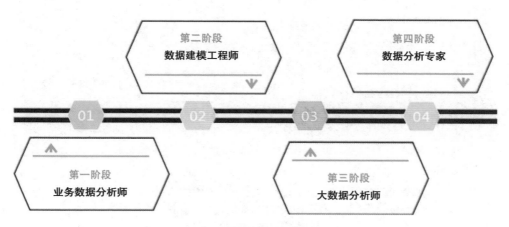

图 4.18　数据分析师岗位进阶

（三）知识点画像图

按照岗位分为：大数据开发工程师，数据分析师。

1. 大数据开发工程师知识点画像

大数据开发工程师知识点画像如图 4.19 所示。

图 4.19　大数据开发工程师知识点画像

2. 数据分析师知识点画像

数据分析师知识点画像如图 4.20 所示。

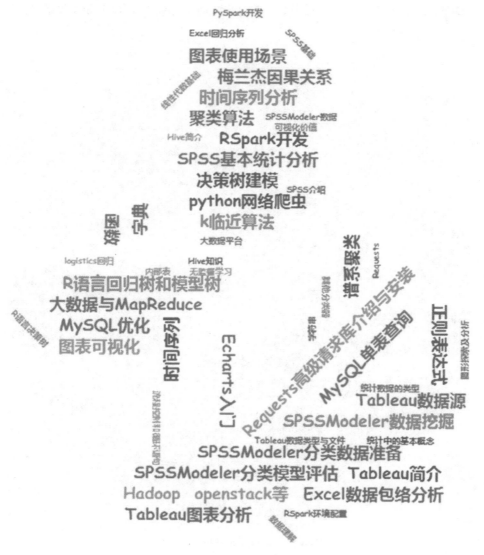

图 4.20 数据分析师知识点画像

（四）大数据开发技能点画像

大数据开发的主要技能是：数据采集（Flume，Logstash，Kafka），数据存储（HDFS，HBase，Redis），数据分析（MapReduce，Hive，Spark）等（见图 4.21）。

图 4.21 大数据开发技能点画像

数据分析师的主要技能是：数学基础，统计学基础，数据库基础，SPSS 基础，Tableau 商业智能与可视化，数据仓库，Hive 知识等（见图 4.22）。

图 4.22　数据分析师技能点画像

（五）岗职位知识图谱

1. 大数据开发工程师

大数据开发工程师需要处理整个数据的开发流程，包括数据的 etl，数据离线处理，数据批处理，数据挖掘，数据可视化。

图 4.23 为大数据工程师知识图谱。

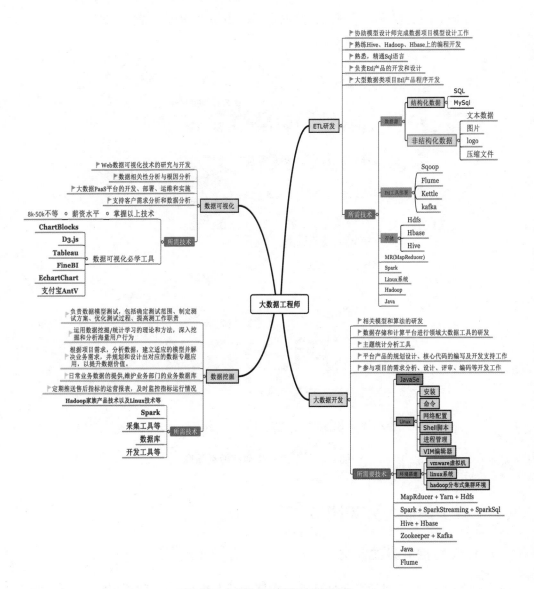

图 4.23　大数据工程师知识图谱

主要技术模块介绍。

ETL：数据抽取、数据的清洗转换、数据的加载。在设计 ETL 的时候也是从这三部分出发。数据的抽取是从各个不同的数据源抽取到 ODS 中（这个过程也可以做一些数据的清洗和转换），在抽取的过程中需要挑选不同的抽取方法，尽可能提高 ETL 的运行效率。ETL 三个部分中，花费时间最长的是 T（清洗、转换）的部分，一般情况下这部分工作量是整个 ETL 的 2/3。数据的加载一般在数据清洗完了之后直接写入 DW（Data Warehouse）中去。图 4.24 是某银行大数据系统架构示意图。

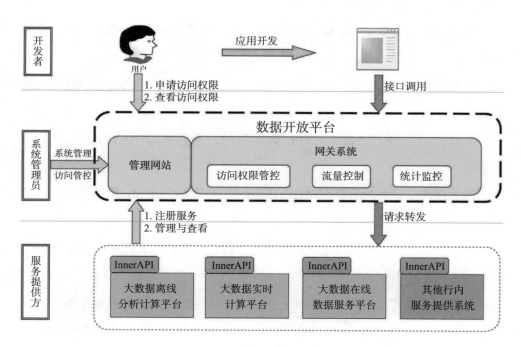

图 4.24　某银行大数据系统架构

数据离线处理：Hadoop 分布式存储 + 分布式运算的框架，可以对海量数据进行统计分析，解决单节点极限性。通过编写 MapReduce、spark core、spark SQL，可以批量统计某个地域的车辆里程情况、道路等级，通过速度判断车型、车辆驾驶情况等，使用 Hive 做数据仓库，可以统计最近一年或者两年的数据，进行数据的建模和历史数据的统计分析。

数据实时处理：通过 Flume 进行数据采集，将数据推送给 Kafka 作为数据的缓存层，Storm/spark streaming/fink 作为 kafka 的消费者，从而进行实时的处理。最终，通过 Web 展示给前端，能够实时统计和分析车辆的在线总数，轨迹点总数，对此可以做一些相关的应用。

数据来源：主要是 Nginx 服务器获取的 GPS 数据和 MSp 数据、格式都是 JSON。

数据采集：通过 Flume 的拦截器对日志进行预处理，将数据存储在缓存层 kafka。

数据统计：通过 Storm 实时拉取数据做计算，将临时结果数据存储在 Redis。

数据落地：最终的数据存储在 Mongo 中，定时获取 Redis 中的数据，存储在 Mongo。

Web 展示：查询数据库定时更新前端页面，可以查看车辆的一些情况。

（1）数据挖掘。

数据挖掘是指在大量的数据中挖掘出信息，通过认真分析来揭示数据之间有意义的联系、趋势和模式。而数据挖掘技术就是指为了完成数据挖掘任务所需要的全部技术。金融、零售等企业已广泛采用数据挖掘技术，分析用户的可信度和购物偏好等。大数据研究采用数据挖掘技术，但是数据挖掘中的短期行为较多，多数是为某个具体问题研究应用技术，还没有统一的理论。

数据挖掘技术是数据挖掘方法的集合，数据挖掘方法众多。根据挖掘任务可将数据挖掘技术分为预测模型发现、聚类分析、分类与回归、关联分析、序列模式发现、依赖关系或依赖模型发现、异常和趋势发现、离群点检测等。根据挖掘对象可分为关系数据库、面向对象数据库、空间数据库、时态数据库、文本数据源、多媒体数据库、异质数据库、遗产数据库以及环球网Web。根据挖掘方法可分为机器学习方法、统计方法、神经网络方法和数据库方法。机器学习方法中，可细分为归纳学习方法（决策树、规则归纳等）、基于范例学习、遗传算法等。统计方法中，可细分为回归分析（多元回归、自回归等）、判别分析（贝叶斯判别、费歇尔判别和非参数判别等）、聚类分析（系统聚类、动态聚类等）、探索性分析（主元分析法、相关分析法等）等。神经网络方法中，可细分为前向神经网络（BP算法等）、自组织神经网络（自组织特征映射、竞争学习等）等。数据库方法主要是多维数据分析或OLAP方法，另外还有面向属性的归纳方法数据挖掘往往无法避开算法，所有需要较强的数学知识。

（2）数据可视化。

数据可视化主要旨在借助于图形化手段，清晰有效地传达与沟通信息。但是，这并不意味着数据可视化就一定因为要实现其功能用途而令人感到枯燥乏味，或者是为了看上去绚丽多彩而显得极端复杂。为了有效地传达酝酿信息，美学形式与功能需要齐头并进，通过直观地传达关键的方面与特征，从而实现对于相当稀疏而又复杂的数据集的深入洞察。下图就是目前一些数据可视化的实际效果，既兼顾了信息的传达也兼顾了美感。

图4.25显示了美团大数据架构。

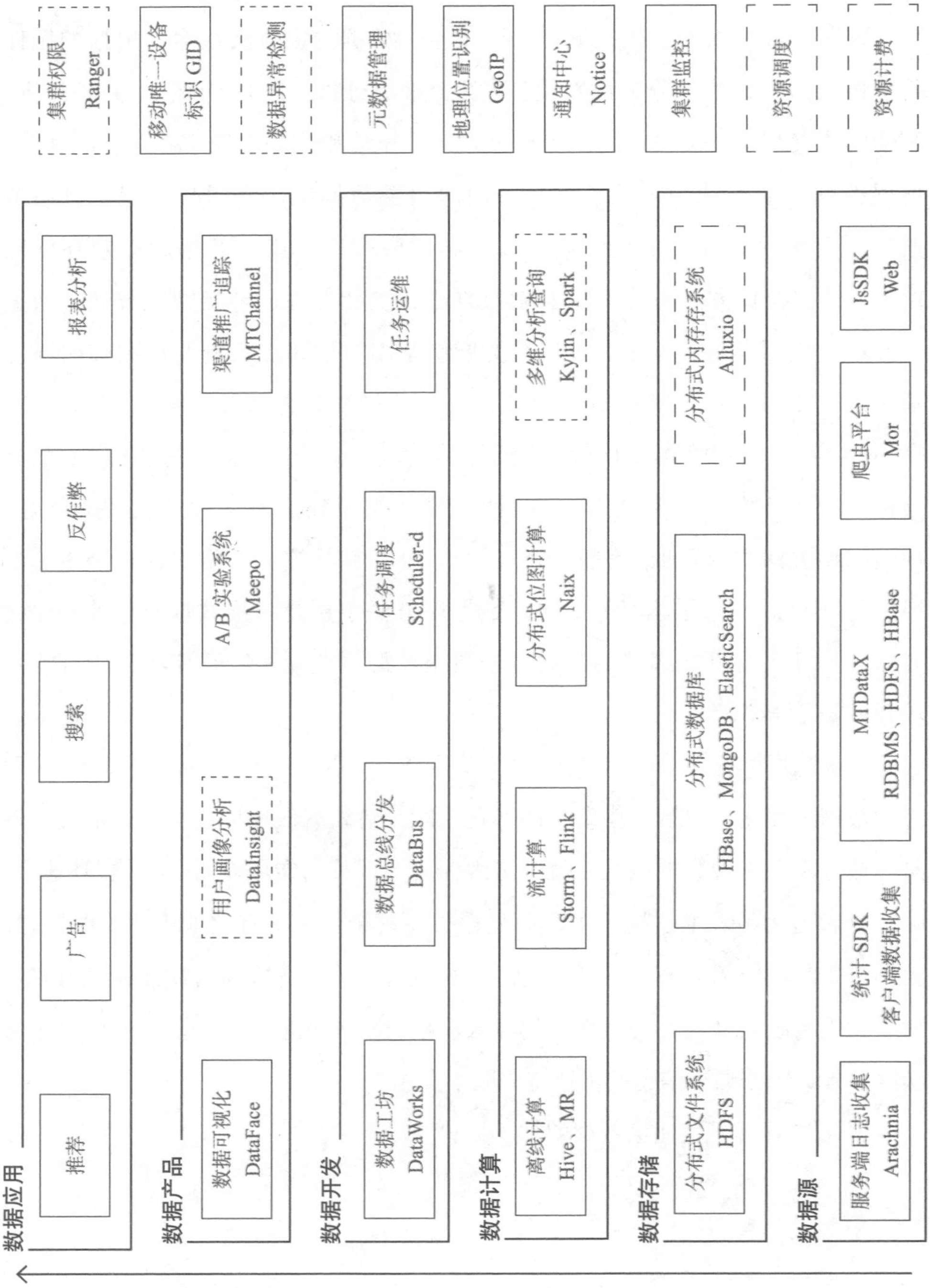

图 4.25 美团大数据架构

数据应用

推荐 | 广告 | 搜索 | 反作弊 | 报表分析

数据产品

数据可视化 DataFace | 用户画像分析 DataInsight | A/B 实验系统 Meepo | 渠道推广追踪 MTChannel

数据开发

数据工坊 DataWorks | 数据总线分发 DataBus | 任务调度 Scheduler-d | 任务运维

数据计算

离线计算 Hive、MR | 流计算 Storm、Flink | 分布式位图计算 Naix | 多维分析查询 Kylin、Spark

数据存储

分布式文件系统 HDFS | 分布式数据库 HBase、MongoDB、ElasticSearch | 分布式内存存储系统 Alluxio

数据源

服务端日志收集 Arachnia | 统计 SDK 客户端数据收集 | MTDataX RDBMS、HDFS、HBase | 爬虫平台 Mor | JsSDK Web

集群权限 Ranger | 移动唯一设备标识 GID | 数据异常检测 | 元数据管理 | 地理位置识别 GeoIP | 通知中心 Notice | 集群监控 | 资源调度 | 资源计费

2. 数据分析师知识图谱

数据分析师知识图谱如图 4.26 所示。

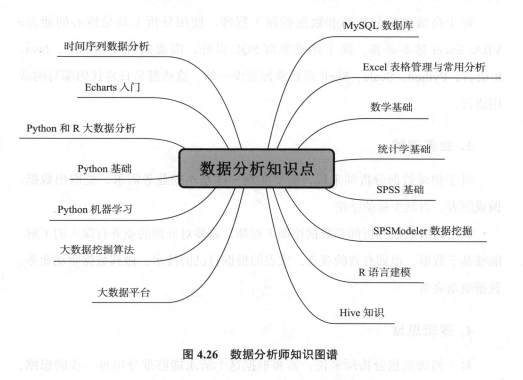

图 4.26 数据分析师知识图谱

（六）数据分析岗位知识点

1. 数学知识

初级数据分析师需要了解一些统计学的基础知识内容，能够根据数据公式完成一些计算，最好是了解常用的统计学算法模型。

对于高级数据分析师来说，统计模型相关知识是必备能力，对线性代数（主要是矩阵计算相关知识）最好也有一定的了解。

2. 分析工具与编程语言

初级数据分析师需要熟练掌握 Excel,需要会使用一些基本的统计分析工具,最好是会使用 SPSS。编程语言方面,至少 SQL 应该熟练掌握。

对于高级数据分析师和数据挖掘工程师,使用分析工具是核心的能力,VBA/ Excel 基本必备,除了熟练掌握 SQL 以外,需要熟练使用 Pass,Java,R 语言,Python,Scala,Shell 需要掌握至少一种,这些都是日常代码编写的常用语言。

3. 业务理解

对于初级数据分析师来说,需要实现一些基本的业务需求,提取出数据,做成图表,得到少量的结论。

对于高级数据分析师和数据挖掘工程师,需要对处理的业务有深入的了解,能够基于数据,得到有效的观点,重点的根据自己的技术,做到数据驱动业务,数据驱动决策。

4. 逻辑思维

对于初级数据分析师来说,需要根据这个需求能够推导出每一步的思路,根据这一步一步思路,完成目标。

对于高级数据分析师和数据挖掘工程师,除了完成这些指标需求,还需要能够搭建整个分析框架,了解这些指标的内在联系,和如何用分析的指标对业务的产生驱动。

5. 数据可视化

对于初级数据分析师和数据挖掘工程师,能用 Excel 和 PPT 做出基本的图表和报告，能清楚展示数据，就达到目标了。

对于高级数据分析师来说，需要探寻更好的数据可视化方法，应熟练使用更有效的数据可视化工具，往往需要有比较强的代码能力，根据实际需求做出或简单或复杂，但适合受众观看的数据可视化内容。

6. 协调沟通

对于初级数据分析师来说，了解业务、寻找数据、讲解报告，都需要和不同部门的人打交道，因此沟通能力很重要。

对于高级数据分析师来说，需要开始独立带项目，或者和产品做一些合作，因此除了沟通能力以外，还需要一些项目协调能力。

对于数据挖掘工程师来说，和人沟通技术方面内容偏多及其业务方面相对少一些，对沟通协调的要求也相对低一些。

7. 快速学习

无论做数据分析的哪个方向，初级还是高级，都需要有快速学习的能力，学业务逻辑、学行业知识、学技术工具、学分析框架。数据分析领域中有学不完的内容，需要大家有一颗时刻不忘学习的心。

（七）大数据岗位相关薪资概述

1. 大数据开发相关薪资

根据职友集近一年 10484 份工资样本统计，薪资范围在 30000~50000 元的占 37.40%，薪资范围在 20000~30000 元的占 31.10%，薪资范围在 15000~20000元的占 12.20%，薪资范围在 10000~15000 元的占 11.80%，薪资范围在

8000~10000 元的占 2.40%，薪资范围在 6000~8000 元的占 1.50%，薪资范围在 4500~6000 元的占 1.30%，整体上，数据开发工程师平均薪资为 24380 元 / 月，超过 90% 的岗位薪资在 10000 元以上，"钱途" 无限。

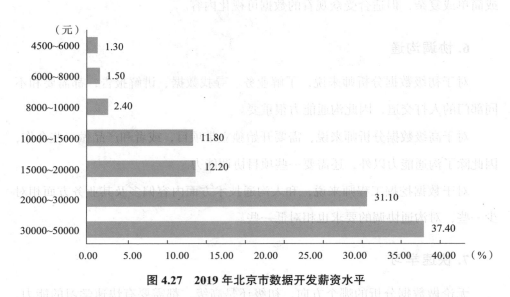

图 4.27　2019 年北京市数据开发薪资水平

数据来源：职友网 . 北京数据开发・工资收入水平 [EB/OL]. （2019-07-15）[2019-07-15].
https://www.jobui.com/salary/ 北京 - 数据开发 /.

2. 数据分析师薪资

根据职友集近一年 17871 份工资样本统计，薪资范围在 30000~50000 元的占 18.80%，薪资范围在 20000~30000 元的占 27.00%，薪资范围在 15000~20000 元的占 13.80%，薪资范围在 10000~15000 元的占 16.90%，薪资范围在 8000~10000 元的占 8.10%，薪资范围在 6000~8000 元的占 7.00%，薪资范围在

3000~4500 元的占 4.00%。整体上，数据分析师平均薪资为 17390 元 / 月，薪资待遇非常不错。

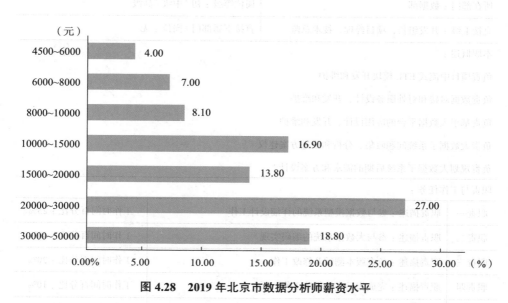

图 4.28 2019 年北京市数据分析师薪资水平

数据来源：职友集 . 北京数据开发·工资收入水平 [EB/OL].（2019-07-15）[2019-07-15].
https://www.jobui.com/salary/ 北京 - 数据分析 /.

（八）大数据岗职位说明

1. 大数据开发工程师（运维，数据开发方向）

大数据开发工程师（运维，数据开发方向）岗位说明，如表 4.11 和表 4.12 所示。

表 4.11　大数据开发工程师职位职责与任职资格描述

岗位名称：大数据开发工程师	岗位类型：技术类
所在部门：数据部	岗位等级：初 / 中级 / 高级
直接上级：开发组长，项目经理，技术总监	直接下属部门 / 岗位：无

本职概述：

负责项目中流式 ETL 模块开发和维护

负责数据对接和对外服务设计、开发和维护

负责基于大数据平台的应用设计、开发和维护

负责大数据子系统问题收集、分析和改进方案建议

负责规划大数据子系统后期的需求和方案设计

职责与工作任务：

职责一	职责描述：参与数据模型系统的详细设计工作	工作时间百分比：25%
职责二	职责描述：参与大数据系统的编码实现	工作时间百分比：40%
职责三	职责描述：负责版本测试及修改工作	工作时间百分比：20%
职责四	职责描述：完成售后支持保障工作	工作时间百分比：10%
职责五	职责描述：完成上级交办的其他工作	工作时间百分比：5%

任职资格：

大学本科及以上学历，计算机或数学相关专业

具备 Java/ 大数据实际开发经验

精通 Hadoop、Storm、Spark 三个中的任意两个，深刻理解原理和适用场景

精通 Hive、HBase 仓库设计，深刻理解 MR 运行原理和机制

精通 Java 开发，深刻理解 J2EE 规范和相关技术

熟悉 Linux、Shell、Nginx、Tomcat、Redis、Kafka、Oracle、Mysql 等相关技术

具备快速研究和学习技术能力

表 4.12　大数据开发工程师职位胜任力描述

最低学历要求：大学本科

所需教育专业背景：计算机及相关专业

所需工作经验：1~2 年互联网产品开发经验

所需胜任能力：

胜任力模型	知识	了解计算机系统的基本知识
		了解分布式的思想
		具备一定的英语阅读能力
		具备大数据相关编程语句的知识
		理解程序设计的常用思想
	技能	熟练使用常用办公软件
		掌握 Java、Python、Scala 中的一种或者多种
		熟悉常用的分布式架构
		能根据这些计算实现业务需求
	所需素养	团队合作
		人际理解力
		工作责任心
		主动性

2. 大数据开发工程师（分析，挖掘方向）

大数据开发工程师（分析，挖掘方向）岗位说明，如表 4.13～表 4.14 所示。

表 4.13 大数据分析职位职责与任职资格描述

岗位名称：数据分析师	岗位类型：技术类
所在部门：数据部	岗位等级：初 / 中级 / 高级
直接上级：开发组长，项目经理，技术总监	直接下属部门 / 岗位：无

本职概述：

负责与客户沟通，准确把握和理解客户需求，对业务数据进行梳理分析，输出分析报告，为管理层提供决策支持

结合公司数据挖掘工具，根据客户需求对数据进行收集、挖掘与整理，同时出具相关分析报告

深入业务，理解业务运作逻辑，利用数据分析手段，发现业务问题并提出行动建议

对业务运作进行数据监测、分析、统计，持续改进产品与运营策略

应用先进的统计建模、数据挖掘、机器学习等方法建立数据模型并进行场景预测

对大数据人物画像感兴趣，有客户画像、打标签等相关经验者优先

完成部门领导交代的其他事项

职责与工作任务：

职责一	职责描述：参与数据模型系统的详细设计工作	工作时间百分比：25%
职责二	职责描述：参与大数据系统的编码实现	工作时间百分比：40%
职责三	职责描述：负责版本测试及修改工作	工作时间百分比：20%
职责四	职责描述：完成售后支持保障工作	工作时间百分比：10%
职责五	职责描述：完成上级交办的其他工作	工作时间百分比：5%

任职资格：

本科以上学历，能应用数学、统计学、计算机等和数据处理高度相关专业，有实际项目经验

具有较强结构化思维、逻辑思维能力，对数据敏感，具备优秀的信息整合和分析能力，能够形成清晰的业务观点和前瞻判断

进行大数据用户画像分析的标签处理工作，结合业务场景，设计用户画像和标签体系，并持续优化；

有数据建模实践经验（3年以上相关工作经验）者优先，熟练使用至少一种数据分析工具（R、Excel、SPSS、SAS等）

工作细致、专业、严谨，追求工作结果的准确及过程的高效；有支撑运营商或政府机构相关经验者优先

表 4.14　大数据分析职位胜任力描述

最低学历要求：大学本科

所需教育专业背景：计算机及相关专业

所需工作经验：1~2 年互联网产品开发经验

所需胜任能力：

胜任力模型	知识	了解计算机系统的基本知识
		具备一定的数理统计知识
		具备一定的英语阅读能力
		具备较强的业务理解能力
		理解程序设计的常用思想
	技能	熟练使用常用办公软件
		会 Excel，Python，SQL 中的一种或者多种
		熟悉常用的数据分析工具
		能根据这些计算实现业务需求
	所需素养	团队合作
		人际理解力
		工作责任心
		主动性
		客户服务导向
		重视次序、品质与精确

四、人工智能基础工程师岗位标准

（一）人工智能工程师概要

1. 人工智能行业背景与趋势

人工智能作为新一轮产业变革的核心驱动力，将催生新的技术、产品、产业、业态、模式，从而引发经济结构的重大变革，实现社会生产力的整体提升。麦肯锡预计，到 2025 年全球人工智能应用市场规模总值将达到 1270 亿美元，人工智能将是众多智能产业发展的突破点。

人工智能、机器学习和深度学习是密切相关的几个领域。人工智能是人类非常广泛的问题，机器学习是解决这类问题的一个重要手段。深度学习则是机器学习的一个分支。在很多人工智能问题上，深度学习的方法突破了传统机器学习方法的瓶颈，推动了人工智能的发展。深度学习使得机器学习能够实现众多的应用，并拓展了人工智能的领域范围。深度学习摧枯拉朽般地实现了各种任务，使得似乎所有的机器辅助功能都变为可能。无人驾驶汽车，预防性医疗保健，甚至是更好的电影推荐，都近在眼前，或者即将实现。

2. 人才需求

当前，人工智能领域的竞争主要体现为人才之争。我国 AI 人才以 80 后作为主力军，主要分布在北京、上海、深圳、杭州、广州，人才需求量也以这些城市居多。根据相关数据显示，592 家公司中约有 39200 位员工，AI 人才的需求数量已经突破百万，但国内 AI 领域人才供应量却很少，人才严重短缺，中小企业招聘更加困难。

3. 待遇分析

北京地区的平均月薪为 31570 元 / 月，其中月薪 30000~50000 元的人员比例达到了 57.1%。如图 4.29 所示。

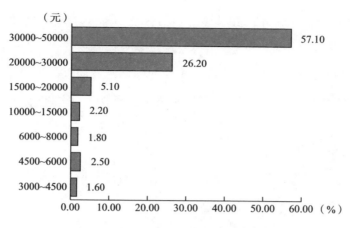

图 4.29　北京人工智能领域人才平均薪资

（二）人工智能工程师职位画像综述

1. 应包含的内容

（1）机器学习。

机器学习指的是计算机系统无须遵照显式的程序指令，而只依靠数据来提升自身性能的能力。其核心在于，机器学习是从数据中自动发现模式，模式一旦被发现便可用于预测。比如，给予机器学习系统一个关于交易时间、商家、地点、价格及交易是否正当等信用卡交易信息的数据库，系统就会学习到可用来预测信用卡欺诈的模式。处理的交易数据越多，预测就会越准确。

（2）深度学习。

深度学习是机器学习中一种基于对数据进行表征学习的方法。观测值（例如一幅图像）可以使用多种方式来表示，如每个像素强度值的向量，或者更抽象地表示成一系列边、特定形状的区域等。而使用某些特定的表示方法更容易从实例中学习任务（例如，人脸识别或面部表情识别）。深度学习的好处是用非监督式或半监督式的特征学习和分层特征提取高效算法来替代手工获取特征。

深度学习是机器学习研究中的一个新的领域，其动机在于建立、模拟人脑来分析学习的神经网络，它模仿人脑的机制来解释数据，例如图像，声音和文本。

2. 岗位进阶路线图

人工智能的工作岗位包括机器学习工程师与深度学习工程师。岗位进阶路线如图 4.30 所示。

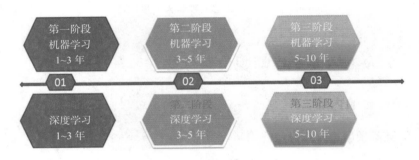

图 4.30　岗位进阶路线图

（三）技能点画像图

技能点总数约 63 个。

主要技能点为：高等数学基本知识（函数与极限、导数与微分、定积分与不定积分、高斯与傅里叶级数）、概率论与数理统计基本知识（随机变量的概率及分布、随机变量的数字特征、样本与抽样分布、参数估计与回归分析）、线性代数基本知识（行列式、矩阵及其运算、线性方程）、机器学习基本知识（单变量 / 多变量线性回归、逻辑回归、正则化、机器学习系统设计与建议、支持向量机、聚类、降维、异常检测、推荐系统、大规模机器学习）、深度学习基本知识（卷积神经网络、循环序列模型、目标检测、自然语言处理与词嵌入、序列模型和注意力机制、深度学习优化）

1. 机器学习的主要技能

机器学习的主要技能如图 4.31 所示。

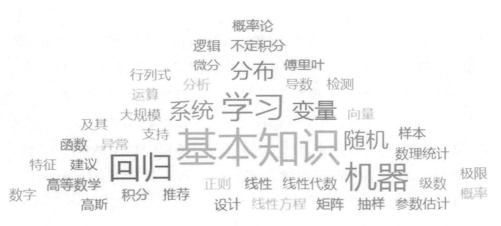

图 4.31　机器学习主要技能

（1）线性回归。

在统计学中，线性回归（Linear Regression）是利用线性回归方程的最小平方函数对一个或多个自变量和因变量之间关系进行建模的一种回归分析。这种函数是一个或多个回归系数的模型参数的线性组合。只有一个自变量的情况叫作简单回归，大于一个自变量情况的叫作多元回归。（这反过来又应当由多个相关的因变量预测的多元线性回归区别，而不是一个单一的标量变量。）

在线性回归中，数据使用线性预测函数来建模，并且未知的模型参数也是通过数据来估计。这些模型被叫作线性模型。最常用的线性回归建模是给定 X

值的 y 的条件均值是 X 的仿射函数。不太一般的情况，线性回归模型可以是一个中位数或一些其他的给定 X 的条件下 y 的条件分布的分位数作为 X 的线性函数表示。像所有形式的回归分析一样，线性回归也把焦点放在给定 X 值的 y 的条件概率分布，而不是 X 和 y 的联合概率分布（多元分析领域）。

（2）逻辑回归。

逻辑回归又称逻辑回归分析，是一种广义的线性回归分析模型，常用于数据挖掘，疾病自动诊断，经济预测等领域。例如，探讨引发疾病的危险因素，并根据危险因素预测疾病发生的概率等。以胃癌病情分析为例，选择两组人群，一组是胃癌组，一组是非胃癌组，两组人群必定具有不同的体征与生活方式等。因此因变量就为是否胃癌，值为"是"或"否"，自变量就可以包括很多了，如年龄、性别、饮食习惯、幽门螺杆菌感染等。自变量既可以是连续的，也可以是分类的。然后通过逻辑回归分析，可以得到自变量的权重，从而可以大致了解到底哪些因素是胃癌的危险因素。同时利用该权值可以根据危险因素预测一个人患癌症的可能性。

（3）支持向量机。

支持向量机（Support Vector Machine,SVM）是一类按监督学习（supervised learning）方式对数据进行二元分类（binary classification）的广义线性分类器（generalized linear classifier），其决策边界是对学习样本求解的最大边距超平面（maximum-margin hyperplane）。SVM 使用铰链损失函数（hinge loss）计算经验风险（empirical risk）并在求解系统中加入了正则化项以优化结构风险（structural risk），这是一个具有稀疏性和稳健性的分类器。SVM 可以通过核方法（kernel method）进行非线性分类，是常见的核学习（kernel learning）方法之一。

SVM 于 1963 年被提出，在 20 世纪 90 年代后得到快速发展并衍生出一系列改进和扩展算法，包括多分类 SVM、最小二乘 SVM（Least-Square SVM,

LS-SVM）、支持向量回归（Support Vector Regression，SVR）、支持向量聚类（support vector clustering）、半监督 SVM（semi-supervised SVM，S3VM）等，在人像识别（face recognition）、文本分类（text categorization）等模式识别（pattern recognition）问题中有广泛应用。

（4）异常检测。

异常检测（Anomaly detection）的假设是入侵者活动异常于正常主体的活动。根据这一理念建立主体正常活动的"活动简档"，将当前主体的活动状况与"活动简档"相比较，当违反其统计规律时，认为该活动可能是"入侵"行为。异常检测的难题在于如何建立"活动简档"以及如何设计统计算法，从而不把正常的操作作为"入侵"或忽略真正的"入侵"行为。

2. 深度学习的主要技能

深度学习的主要技能如图 4.32 所示。

图 4.32　深度学习主要技能

（1）卷积神经网络。

卷积神经网络（Convolutional Neural Networks，CNN）是一类包含卷积计算且具有深度结构的前馈神经网络（Feedforward Neural Networks），是深度学习（deep learning）的代表算法之一。由于卷积神经网络能够进行平移不变分类（shift-invariant classification），因此也被称为"平移不变人工神经网络（Shift-Invariant Artificial Neural Networks，SIANN）"。

对卷积神经网络的研究始于 20 世纪 80 至 90 年代，时间延迟网络和 LeNet-5 是最早出现的卷积神经网络；在 21 世纪后，随着深度学习理论的提出和数值计算设备的改进，卷积神经网络得到了快速发展，并被大量应用于计算机视觉、自然语言处理等领域。

卷积神经网络仿造生物的视知觉（visual perception）机制构建，可以进行监督学习和非监督学习，其隐含层内的卷积核参数共享和层间连接的稀疏性使得卷积神经网络能够以较小的计算量对格点化（grid-like topology）特征，例如像素和音频进行学习、有稳定的效果且对数据没有额外的特征工程（feature engineering）要求。

（2）循环神经网络。

循环神经网络（Recurrent Neural Network，RNN）是一类以序列（sequence）数据为输入，在序列的演进方向进行递归（recursion）且所有节点（循环单元）按链式连接的递归神经网络（recursive neural network）。

对循环神经网络的研究始于 20 世纪八九十年代，并在 21 世纪初发展为重要的深度学习（deep learning）算法，其中双向循环神经网络（Bidirectional RNN，Bi-RNN）和长短期记忆网络（Long Short-Term Memory networks，LSTM）是常见的循环神经网络。

循环神经网络具有记忆性、参数共享并且图灵完备（Turing completeness），因此能以很高的效率对序列的非线性特征进行学习。循环神经网络在自然语言处理（Natural Language Processing，NLP），例如语音识别、语言建模、机器翻译等领域有重要应用，也被用于各类时间序列预报或与卷积神经网络（Convoutional Neural Network，CNN）相结合处理计算机视觉问题。

（3）注意力模型。

深度学习里的 Attention model 其实模拟的是人脑的注意力模型，举个例子来说，当我们观赏一幅画时，虽然我们可以看到整幅画的全貌，但是在我们深入仔细地观察时，其实眼睛聚焦的就只有很小的一块，这个时候人的大脑主要关注在这一小块图案上，也就是说这个时候人脑对整幅图的关注并不是均衡的，是有一定的权重区分的。这就是深度学习里的 Attention Model 的核心思想。

人脑的注意力模型，说到底是一种资源分配模型，在某个特定时刻，你的注意力总是集中在画面中的某个焦点部分，而对其他部分视而不见。

（4）Encoder-Decoder 框架。

所谓 Encoder-Decoder 模型，又叫作编码—解码模型。这是一种应用于 seq2seq 问题的模型。seq2seq 问题简单来说，就是根据一个输入序列 x，来生成另一个输出序列 y。常见的应用有机器翻译，文档提取，问答系统等。Encoder-Decoder 模型中的编码，就是将输入序列转化成一个固定长度的向量；解码，就是将之前生成的固定向量再转化成输出序列。

Encoder-Decoder（编码—解码）是深度学习中非常常见的一个模型框架，比如无监督算法的 auto-encoding 就是用编码—解码的结构设计并训练的；又如这两年比较热的 image caption 的应用，就是 CNN-RNN 的编码—解码框架；再比如神经网络机器翻译 NMT 模型，往往就是 LSTM-LSTM 的编码—解码框架。因此，准确来说，Encoder-Decoder 并不是一个具体的模型，而是一类框架。

Encoder 和 Decoder 部分可以是任意的文字、语音、图像、视频数据，模型可以采用 CNN、RNN、BiRNN、LSTM、GRU 等。所以基于 Encoder-Decoder，我们可以设计出各种各样的应用算法。

（5）LSTM。

LSTM（Long Short-Term Memory）是长短期记忆网络，是一种时间递归神经网络，适合于处理和预测时间序列中间隔和延迟相对较长的重要事件。

LSTM 已经在科技领域有了多种应用。基于 LSTM 的系统可以学习翻译语言、控制机器人、图像分析、文档摘要、语音识别图像识别、手写识别、控制聊天机器人、预测疾病、点击率和股票、合成音乐等任务。

LSTM 区别于 RNN 的地方，主要就在于它在算法中加入了一个判断信息有用与否的"处理器"，这个处理器作用的结构被称为 cell。

一个 cell 当中被放置了三扇门，分别叫作输入门、遗忘门和输出门。一个信息进入 LSTM 的网络当中，可以根据规则来判断是否有用。只有符合算法认证的信息才会留下，不符的信息则通过遗忘门被遗忘。

说起来无非就是一进二出的工作原理，却可以在反复运算下解决神经网络中长期存在的大问题。目前已经证明，LSTM 是解决长序依赖问题的有效技术，并且这种技术的普适性非常高，导致带来的可能性变化非常多。各研究者根据 LSTM 纷纷提出了自己的变量版本，这就让 LSTM 可以处理千变万化的垂直问题。

（四）知识点图谱

按照岗位分为：机器学习工程师、深度学习工程师。

1. 机器学习工程师的知识点图谱

图 4.33 是机器学习工程师的知识点图谱，知识点总数约 89 个。

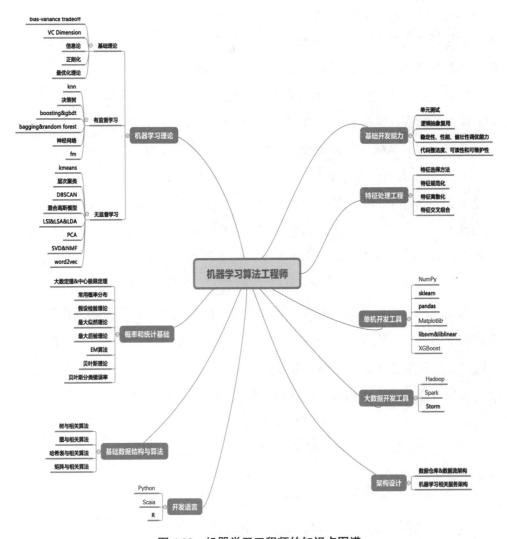

图 4.33 机器学习工程师的知识点图谱

机器学习（Machine Learning，ML）是一门多领域交叉学科，涉及概率论、统计学、逼近论、凸分析、算法复杂度理论等多门学科。专门研究计算机怎样模拟或实现人类的学习行为，以获取新的知识或技能，重新组织已有的知识结构使之不断改善自身的性能。

它是人工智能的核心，是使计算机具有智能的根本途径，其应用遍及人工智能的各个领域，它主要使用归纳、综合而不是演绎。

监督学习是指：利用一组已知类别的样本调整分类器的参数，使其达到所要求性能的过程，也称为监督训练或有教师学习。

监督学习是从标记的训练数据来推断一个功能的机器学习任务。训练数据包括一套训练示例。在监督学习中，每个实例都是由一个输入对象（通常为矢量）和一个期望的输出值（也称为监督信号）组成。监督学习算法是分析该训练数据，并产生一个推断的功能，可以用于映射出新的实例。一个最佳的方案将允许该算法来正确地决定那些看不见的实例的类标签。这就要求学习算法是以一种"合理"的方式在一种训练数据到看不见的情况下形成。

无监督学习的问题是，在未加标签的数据中，试图找到隐藏的结构。因为提供给学习者的实例是未标记的，因此没有错误或报酬信号来评估潜在的解决方案。这区别于监督学习和强化学习无监督学习。

无监督学习是密切相关的统计数据密度估计的问题。然而无监督学习还包括寻求，总结和解释数据的主要特点等诸多技术。无监督学习使用的许多方法是基于用于处理数据的数据挖掘方法。

2. 深度学习工程师知识点图谱

图 4.34 是深度学习工程师的知识点图谱，知识点总数约 125 个。

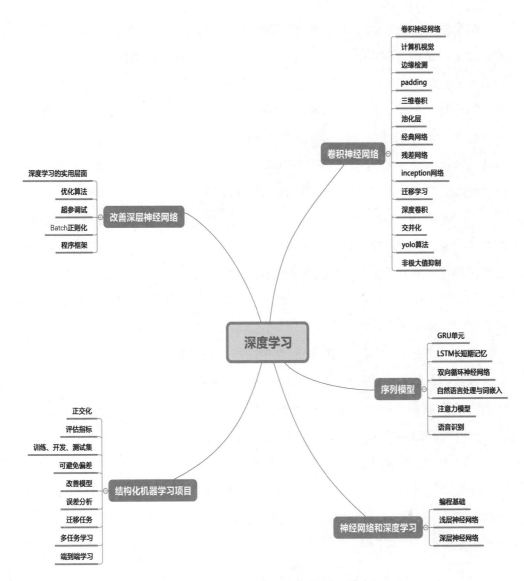

图 4.34 深度学习工程师的知识点图谱

深度学习的概念源于人工神经网络的研究。含多隐层的多层感知器就是一种深度学习结构。深度学习通过组合低层特征形成更加抽象的高层表示属性类别或特征，以发现数据的分布式特征表示。

循环神经网络，Recurrent Neural Network。神经网络是一种节点定向连接成环的人工神经网络。这种网络的内部状态可以展示动态时序行为。不同于前馈神经网络的是，RNN 可以利用它内部的记忆来处理任意时序的输入序列，这让它可以更容易处理如不分段的手写识别、语音识别等。

LSTM（Long Short-Term Memory）是长短期记忆网络，是一种时间递归神经网络，适合于处理和预测时间序列中间隔和延迟相对较长的重要事件。LSTM已经在科技领域有了多种应用。基于 LSTM 的系统可以学习翻译语言、控制机器人、图像分析、文档摘要、语音识别、图像识别、手写识别、控制聊天机器人、预测疾病、点击率和股票、合成音乐等任务。

残差网络是 2015 年提出的深度卷积网络，一经出世，便在 ImageNet 中斩获图像分类、检测、定位三项的冠军。残差网络更容易优化，并且能够通过增加相当的深度来提高准确率。核心是解决了增加深度带来的副作用（退化问题），这样，就能够通过单纯地增加网络深度来提高网络性能了。

人脸识别，是基于人的脸部特征信息进行身份识别的一种生物识别技术。具体是指用摄像机或摄像头采集含有人脸的图像或视频流，并自动在图像中检测和跟踪人脸，进而对检测到的人脸进行脸部识别的一系列相关技术，通常也叫作人像识别、面部识别。

（五）人工智能岗位说明

1. 机器学习工程师

机器学习工程师职位职责与任职资格描述见表 4.15；职位胜任能力情况见表 4.16。

表 4.15　机器学习工程师职位职责与任职资格描述

岗位名称：机器学习工程师	岗位类型：技术类
所在部门：数据部	岗位等级：初 / 中级 / 高级
直接上级：开发组长，项目经理，技术总监	直接下属部门 / 岗位：实习 / 助理工程师

本职概述：

根据公司实际的业务需求，研究设计相应算法模型，负责构建不同场景的、算法优选、模型评估，利用机器学习结果协助构建分析模型，维护和优化现有模型

负责构建并完善业务产品的机器学习能力

探索机器学习技术在具体业务中的应用方向

职责与工作任务：

职责一	职责描述：参与算法模型系统的详细设计工作	工作时间百分比：25%
职责二	职责描述：参与机器学习系统的编码实现	工作时间百分比：40%
职责三	职责描述：负责版本测试及修改工作	工作时间百分比：20%
职责四	职责描述：完成售后支持保障工作	工作时间百分比：10%
职责五	职责描述：完成上级交办的其他工作	工作时间百分比：5%

任职资格：

对机器学习有扎实的基本功，深入了解常用算法原理和应用场景，并能够用之解决问题

能结合业务场景，熟练运用逻辑回归、分类、聚类、神经网络等机器学习算法解决实际问题

能够熟练使用 Python 及常用的算法库，如 sklearn、keras、TensorFlow 等

表 4.16 机器学习工程师职位胜任力描述

最低学历要求：大学本科		
所需教育专业背景：计算机及相关专业		
所需工作经验：1~2 年互联网产品开发经验		
所需胜任能力：		

| 胜任力模型 | 知识 | 单变量 / 多变量线性回归 |
		逻辑回归
		正则化
		支持向量机
		聚类
		降维
		异常检测
		推荐系统
		大规模机器学习
	技能	常用的监督算法与非监督算法
		模型构建与调优
	所需素养	团队合作
		人际理解力
		工作责任心
		主动性
		诚信
		客户服务导向
		重视次序、品质与精确
		分析式思考演绎能力
		代码能力
		业务理解能力
		团队协作能力
		文档编写能力

2. 深度学习工程师

深度学习工程师职位职责与任职资格描述见表 4.17；职位胜任能力情况见表 4.18。

表 4.17　深度学习工程师职位职责与任职资格描述

岗位名称：深度学习工程师	岗位类型：技术类
所在部门：数据部	岗位等级：初 / 中级 / 高级
直接上级：开发组长，项目经理，技术总监	直接下属部门 / 岗位：实习 / 助理工程师

本职概述：

根据公司实际的业务需求，研究设计相应算法模型，负责构建不同场景的、算法优选、模型评估，利用深度学习技术协助构建分析模型，维护和优化现有模型

负责构建并完善业务产品的深度学习能力

探索深度学习技术在具体业务中的应用方向

职责与工作任务：

职责一	职责描述：参与算法模型系统的详细设计工作	工作时间百分比：25%
职责二	职责描述：参与深度学习系统的编码实现	工作时间百分比：40%
职责三	职责描述：负责版本测试及修改工作	工作时间百分比：20%
职责四	职责描述：完成售后支持保障工作	工作时间百分比：10%
职责五	职责描述：完成上级交办的其他工作	工作时间百分比：5%

任职资格：

扎实的数学基础和机器学习基础

对深度学习有扎实的基本功，深入了解常用算法原理和应用场景，并能够用之解决问题

能结合业务场景，熟练运用 CNN、RNN 等算法解决实际问题

能够熟练使用 Python 及常用的算法库，如 sklearn、Keras、TensorFlow 等

表 **4.18** 深度学习工程师职位胜任力描述

最低学历要求：大学本科
所需教育专业背景：计算机及相关专业
所需工作经验：1~2 年互联网产品开发经验
所需胜任能力：

胜任力模型	知识	卷积神经网络 循环序列模型 目标检测 自然语言处理与词嵌入 序列模型和注意力机制 深度学习优化
	技能	CNN 与 RNN 模型构建与调优
	所需素养	团队合作 人际理解力 工作责任心 重视次序、品质与精确 学习能力 分析式思考演绎能力 代码能力 业务理解能力 团队协作能力 文档编写能力

五、电子商务基础运营／服务岗位标准

（一）电子商务客服专员

1. 岗位概要

电子商务客服是承载着客户投诉、订单业务受理（新增、补单、调换货、撤单等）、通过各种沟通渠道获取参与客户调查、与客户直接联系的一线业务受理人员。作为承上启下的信息传递者，客服还肩负着及时将客户的建议传递给其他部门的重任，如客户对于产品的建议、线上下单操作修改反馈等。

对于一个电商公司而言，客户看到的商品都是一张张的图片和文字描述，既看不到商家本人，也看不到产品本身，无法了解各种实际情况，因此往往会产生距离感和怀疑感。这个时候，客服就显得尤为重要了。客户通过与客服的交流，可以逐步的了解商家的服务和态度，让公司在客户心目中逐步树立起良好形象。

通过客服良好的引导与服务，客户可以更加顺利地完成订单。电商客服有个很重要的意义就是可以提高订单的成交率。当买家在客服的良好服务下，完成了一次良好的交易后，买家不仅了解了卖家的服务态度，也对卖家的商品、物流等有了切身的体会。当买家需要再次购买同样商品的时候，就会倾向于选择他所熟悉和了解的卖家，从而提高了客户再次购买的概率。电商客服有个很重要的角色就是可以成为用户在网上购物过程中的保险丝，用户线上购物出现疑惑和问题的时候，客服的存在能够带给用户更好的整体体验。

2. 岗位综合画像

（1）关键技能点。

① 善于使用工具。

通过千牛、咚咚等沟通工具，可以查看到用户的浏览记录和简要的信息。推荐时，可以查看浏览记录，知道用户大概的取向，如果你的推荐恰好是用户自己心理犹豫的选择，就等于在隐形地帮用户做决策。同时也要善于利用机器人，店小蜜等自动化工具，让客服效率更高。

② 善于主动提问，更精确地了解用户所需。

通常进入咨询的用户，无法非常完整地描述自己的需求，尤其是首次采购的产品。这时通过客服的提问和引导，可以将用户需求细化，从而做更精准的推荐。在提问和回答的过程中，对用户的消费水平、消费态度也会有大概的了解，这是对用户心理的把握。

③ 寻求共同点，消除距离。

沟通过程中，如果涉及一些自己和用户之间有共鸣的话题，在咨询没有进展或者遇到瓶颈时，可以通过轻松的话题拉近双方距离，从而增加信任感。例如购买家居类产品，可能会涉及儿童、育儿方面，如果客服了解，就可以这方面轻松地入手，找到进一步沟通的节点。

④ 善于示弱。

用户是花钱来购买产品享受服务，不会有人喜欢在气势上强过自己的人。适当的示弱，甚至装可怜，在很多时候尤其是在用户议价之时，有显著的作用。

⑤ 增加急迫性，适当使用饥饿营销。

人们往往容易被限量、限时这样有紧迫性的文字误导，从而提升消费的速度和频次，例如双 11 这样仅此一天全年最低价的纯营销节日。所以在跟用户传达优惠信息和产品信息的时候，要尽量突出独特性、时效性，给用户一种买到就是赚到，错过就不会再有的感觉。

⑥ 学会借他人之口。

客服代表的是卖家，对自己产品的强力称赞，也很容易造成王婆卖瓜的效应。因此要善于利用买家评论、买家秀，用买家的真实反馈，来说服正在犹豫的新用户。他人的一句好评，往往会比自己的 100 次称赞更能让用户卸下心防。这也是用户评价特别重要的原因。

⑦ 营造一种个性化的氛围。

任何人都希望自己是被特殊对待的，所以在沟通中，要根据用户特性，让其产生一种自己被特殊对待的感觉。例如客服手上如果有非公开的礼品或者优惠权限，在赠予用户的时候，直接说，你下单我们可以再赠送您一个礼物，用户可能会觉得这个是催我下单的手段，是应得的。但是如果说，我觉得跟您聊得挺愉快的，我这边一会儿偷偷给您备注多送您一个礼物，希望您喜欢，用户会觉得自己享受到了其他人没有的优惠，区别对待的结果，是让用户的虚荣心得到了满足，自然下单也会更愉快。

⑧ 谨慎使用承诺。

在用户纠结下单时或者下单以后，对于公司本身确定可以提供服务，要坚定且突出地承诺给用户，打消他的疑虑，让他觉得购买产品后还是有保障的。但是承诺同时也需要谨慎，禁止说大话、说空话，这样只会适得其反。

（2）岗位进阶路线图。

一般而言，电商企业会独立设置一个客户服务部门作为企业与用户进行交互的窗口或界面，用户对于企业的感知除了来自于电商网站发布的信息之外，主要来自于客户服务人员，因此在客户眼中很大程度上客服就代表这公司，其重要作用不言而喻（见表 4.35）。

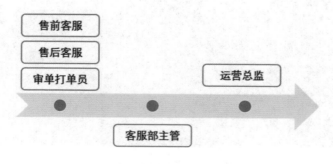

图 4.35　岗位进阶路线图

在电商企业的客服部分一般会下设售前、售后、审单打单几个基层岗位，其中售前客服在企业电商网站上要时刻保持在线，做到有问必答，不要让客户等太久。售后客服主要是与客户协商解决产品售后相关的事宜，并定期做好优质客户的回访工作。审单打单主要是对销售单据进行审核，并打印相关的单据。企业员工从基层岗位做起可以逐渐晋升为客服部门的主管，统筹整个部门的日常运作，在经过数年与其他部门的磨合之后就可以进一步胜任整个企业的运营总监，围绕企业总体目标，实现企业内各部门之间的相互协调合作。

（3）岗位知识点画像。

通过对电商客服专员岗位知识点的大数据分析可以得到如图 4.36 所示的电商客服专员岗位知识点词云图谱，由该图谱可知电商客服专员岗位主要需要具备对于"客户管理""企业产品""销售流程"等方面的相关知识。

图 4.36 岗位知识点画像

其中客户管理，亦即客户关系管理（Customer Relationship Management）的简称，也可以称作 CRM，其主要目标就是提高客户满意程度，从而提高企业的竞争力。客户关系管理的核心是客户价值管理，通过"一对一"营销原则，满足不同价值客户的个性化需求，提高客户忠诚度和保有率，实现客户价值持续贡献，从而全面提升企业盈利能力，对于企业的健康发展至关重要。

（4）岗位技能点画像。

通过对电商客服专员岗位技能点的大数据分析可以得到如图 4.40 所示的电商客服专员岗位技能点词云图谱，由该图谱可知电商客服专员岗位主要需要具备"沟通能力""团队合作能力""快速打字""责任感强"等方面的品质和技能（见图 4.37）。

图 4.37　岗位技能点画像

（5）岗位行业薪资水平

岗位行业薪资水平如图 4.38 所示。

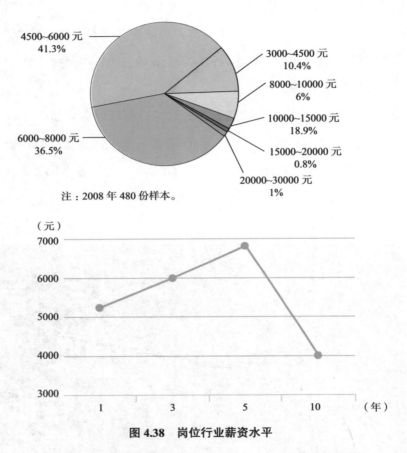

注：2008 年 480 份样本。

图 4.38　岗位行业薪资水平

数据来源：职友集．北京电商客服·工资收入水平 [EB/OL]．（2018-12-12）[2019-03-23]．
https://www.jobui.com/salary/ 北京 - 电商客服 /.

3. 岗位知识图谱

岗位知识图谱如图 4.39 所示。

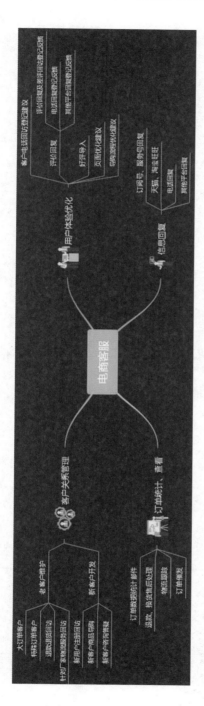

图 4.39 岗位知识图谱

4. 岗位标准说明书

岗位标准说明书见表 4.19。

表 4.19　电子商务客服专员岗位标准说明书

岗位名称：电子商务客服专员	岗位类型：运营管理类
所在部门：客服部	岗位等级：中级
直接上级：运营总监	直接下属部门/岗位：售前、售后、审单打单

职责描述：

负责网络店铺（如天猫、京东等 B2C 平台店铺）的日常线上咨询

了解并解答客户对于产品信息、活动信息、购买流程等环节的疑问，促成业务成交

处理客户的退换货办理及售后服务

维护公司的形象及服务口碑

定期收集整理与客服相关的信息，对问题进行分析，制作相关分析报告

技能要求：

熟悉电商平台交易规则，熟练掌握网络店铺后台操作，可独立解决突发的客户投诉

熟悉电商平台物流规则及物流相关操作

具有良好的应变能力及独立处理客户订单咨询的能力

有较强的服务意识及团队合作意识，能配合内部电商运营及供应链团队完成售后服务

有良好的服务意识，善于沟通交际，责任心和执行力较强

熟练运用各种常用办公软件（例如，Office 软件）

打字速度较快（如 50~70 字/分）

普通话标准，思维敏捷

（二）电子商务运营专员

1. 岗位概要

电子商务运营（Electronic Commerce Operate，ECO）最初定义为电子商务平台（企业网站、论坛、博客、微博、商铺、网络直销店等）建设，各搜索产品优化推广，电子商务平台维护重建、扩展以及网络产品研发及盈利。从后台优化服务于市场，到创建执行服务市场同时创造市场。随着互联网的普及化，越来越多的企业开始重视网络营销，电子商务运营作为一种亦销亦营的网络营销方式受到企业家的重视。随着网络推广人员个人学习和扩展，已逐渐形成一种新型的以互联网为阵地的营销职业。

最开始的电子商务其实并不发生在网站上，而是发生在新闻组以及电子邮件中，但是当前电子商务的主战场已经转到网站上。于是网站的推广成为网络营销最主要的内容。网络营销就是研究怎样在网上卖得出去东西。电子邮件营销是互联网出现最早的商业活动，电子商务营销是网上营销的一种，是借助于因特网完成一系列营销环节，达到营销目标的过程。

电子商务运营与企业运营存在相似之处，包括调研、产品定位、管理分类、开发规划、运营策划、产品管控、数据分析、分析执行及跟进等。但其执行对象有别于实体产品。电子商务运营的对象是根据企业需要所开发设计建设的电子商务平台的附属宣传推广产品。

2. 岗位综合画像

（1）关键技能点。

① 需求分析和整理。

对于一名网站运营人员来说，最为重要的就是要了解需求，在此基础上，提出网站具体的改善建议和方案这些建议和方案当然不能眉毛胡子一把抓，而是要与大家一起讨论分析，确认是否具体可行。必要时，还要进行调查取证或分析统计，综合评出这些建议和方案的可取性。

需求创新，直接决定了网站的特色，有特色的网站才会更有价值，才会更吸引用户来使用。例如，新浪每篇编辑后的文章里，常会提供另外的相关内容链接，供读者选择，就充分考虑了用户的兴趣需求。网站细节的改变，应当是基于对用户需求把握而产生的。

之外，需求的分析还包括对竞争对手的研究。研究竞争对手的产品和服务，看看他们最近做了哪些更新，判断这些变化是不是真的具有价值。如果能够带来价值话，就可以毫不犹豫地实行"拿来主义"了。

② 频道内容建设。

频道内容建设，是网站运营的重要工作。网站内容，决定了你做的是一个怎么样的网站。当然，也有一些功能性的网站，比方说搜索、即时聊天等，只是提供了一个功能，让大家去使用这些功能。但也别忘了，使用这些功能最终仍是为了获取想要的信息。

频道内容建设，更多的工作是由专门的编辑人员来完成，内容包括频道栏目规划、信息编辑和上传、信息内容的质量提升等等。编辑人员做的也是网站运营范畴内的工作，属于网站运营工作中的重要组成成员。

内容建设是一长期积累的过程。网站内容质量的提升，应当是编辑人员最终的追求目标。在很多小网站或部分大型网站中，网站编辑人员就承担着网站运营人员的角色。不仅要负责信息的编辑，还要提需求、做方案，等等。

③ 网站策划。

网站策划，包括前期市场调研、可行性分析、策划文档撰写、业务流程说明等内容。策划是建设网站的关键，一个网站，只有真正策划好了，最终才会有可能成为好的网站。因为前期的网站策划涉及更多的市场因素，在此就不做探讨了。

进行策划时要充分考虑客户需求，文章标题和内容怎么显示，功能键怎么摆放、广告如何展示等，都需要进行合理和科学地规划。

页面规划和设计是不一样的。页面规划较为初级，而页面设计则上升到了更高级的层次。对运营人员策划方案中给出的初级规划，设计人员需要填图加色，使页面更为美观，才能够让客户或用户好感。

④ 产品维护和改进。

产品的维护和改进工作，其实与前面讲的需求整理分析有一些相似之处。但在这节里，笔者更强调的是产品的维护工作。产品维护工作，更多应是对顾客已购买产品的维护工作，响应顾客提出的问题。

在大多数网络公司，都有比较多的客服人员。很多时候，客服人员对技术、产品等问题可能不是非常清楚，对顾客的不少问题未能做出很好的解答，这时候，就需要运营人员分析和判断问题，或对顾客给出合理的说法，或把问题移交技术部门去处理，或寻找更好的解决方案。从这个角度来说，客服人员是运营人员的"顾客"。

此外，产品维护还包括制定和改变产品政策、进行良好的产品包装、改进产品的使用体验等。产品改进，大多情况下，同时也是需求分析和整理的问题。前面已经提到过，就不再赘述了。

⑤ 效果数据分析。

效果数据分析，是指将网站划分为阶段性数据分析并整理，指导可持续性运营策略的重要工作。是根据用户习惯来调整网站方向，对网络媒介的每一个细节进行分析，完成和提高网站对用户的黏性，提高吸引力及网站关注度。主要通过分析页面访问记录来实施，也可通过在线调查问卷的形式获取更多的用户体验。

用完善的数据分析来调整网络介质的传播方式及表现形式。如：系统功能改进、美工设计变动调整、改版等。以数据分析来指导运营才能有的放矢、抓住核心、抓住用户，更好地提升运营效果。因此这个环节虽然枯燥，却是非常重要的不可或缺的一步。

⑥ 各部门协调工作。

这一部分的工作内容，更多体现的是管理角色。运营人员因为深知整个网站的运营情况，知识面相对来说比较全面，与技术人员、美工、测试、业务的沟通协调工作，更多地是由运营人员来承担。

作为一名运营人员，沟通协调能力是必不可少。要与不同专业性思维打交道，在沟通的过程中，可能碰上许多不理解或难以沟通的现象，这是比较正常的问题。运营人员与技术人员争吵不休，最终把一个简单的小问题解决掉，这在所有网络公司中几乎都是一个比较常见的现象。

（2）岗位进阶路线图（见图4.40）。

图 4.40　岗位进阶路线图

一般而言，电子商务运营专员隶属于企业的市场部门，而市场部门在企业中发挥的作用是策划企业电商网站的推广，通过推广使企业电商网站的知名度和用户人数逐渐提高，使企业品牌逐渐做大做强；整合线上销售和线下销售资源，让企业电商网站盈利。

电子商务运营专员在业务熟练之后，就可以进一步胜任市场部门主管，统筹整个部门的日常运作，在经过数年与其他部门的磨合之后就可以进一步胜任整个企业的运营主管，围绕企业整体目标实现企业内各部门之间的相互协调合作。

（3）岗位知识点画像。

通过对电商运营专员岗位知识点的大数据分析可以得到如图 4.41 所示的电商运营专员岗位知识点词云图谱，由该图谱可知电商运营专员岗位主要需要具备"产品、商品""活动策划""数据分析"等方面的相关知识。

图 4.41　岗位知识点画像

（4）岗位技能点画像。

相关岗位的技能需求见图 4.42。

图 4.42　岗位技能点画像

通过对电商运营专员岗位技能点的大数据分析可以得到如图所示的电商运营专员岗位技能点词云图谱，由该图谱可知电商运营专员岗位主要需要具备对于"电商工具""营销能力""吃苦耐劳""创新、优化"等方面的品质和技能。

（5）岗位行业薪资水平（见图 4.46）。

通过对近一年以来 3060 份样本的调查可知，电子商务运营专员的平均月薪为 5660 元，该岗位的各个层次的薪资水平分布为 2000~3000 元占 2%、3000~4500 元占 18.3%、4500~6000 元占 29.2%、6000~8000 元占 43%、

8000~10000 元占 5.2%、10000~15000 元占 2.2%、15000~20000 元占 0.1%，在工作到 5~10 年时平均月薪会升至 9000 元左右。

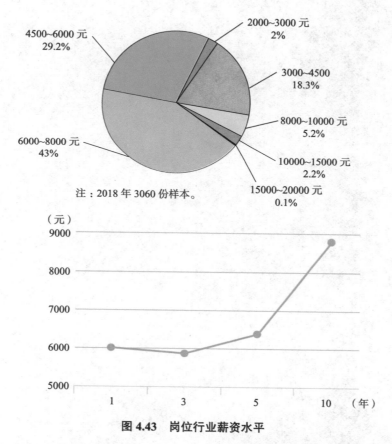

图 4.43　岗位行业薪资水平

数据来源：职友集 . 北京电商运营 · 工资收入水平 [EB/OL]. (2018-12-12) [2019-03-23].
https://www.jobui.com/salary/ 北京 - 电商运营 .

3. 岗位知识图谱

岗位知识图谱如图 4.44 所示。

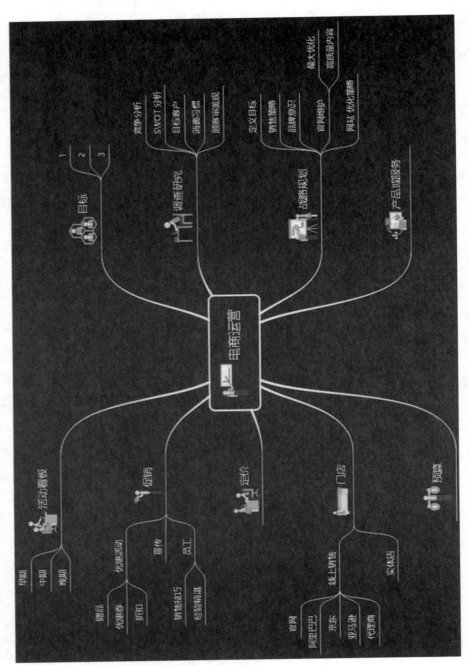

图 4.44　岗位知识图谱

4. 岗位标准说明书

电子商务运营专员岗位标准说明书，见表 4.20。

表 4.20　电子商务运营专员岗位标准说明书

岗位名称：电子商务运营专员	岗位类型：运营管理类
所在部门：市场部	岗位等级：初级
直接上级：市场部主管	直接下属部门/岗位：无

职责描述：

负责商品分析、筛选、陈列、销售等

对商品进行促销策划，跟进、完成活动策划，软文撰写，对产品和营销活动进行直观感性、富有吸引力的描述，达到提高营销推广的效果，确保促销活动成功上线

对商品销售数据进行分析，根据商品销售情况调整销售策略

对用户需求数据进行分析，根据用户偏好和行为模式调整相应营销策略

对店铺、行业数据进行系统的分析，及时根据市场动态对营销活动进行调整

技能要求：

熟悉各种电商平台的框架，例如 B2B、B2C、C2C 等

熟悉网络推广、传播方式和渠道，熟悉电子商务模式与流程

优秀的营销策划能力，独立策划促销和营销活动

优秀的落地执行能力

具有较强的人际沟通及学习能力，具备快速的学习能力、创新能力、抗压能力

具备团队管理能力，跨部门沟通能力，可以清晰、合理地进行分工，并能够做好内外协作

对数据敏感，有较好的数据分析能力，能够透过数据发现问题并提出运营思路

熟练掌握 Excel、word、Photoshop 等办公软件